社会的舞台

SHEHUI DE WUTAI

人生大学讲堂书系

人生大学活法讲堂

拾月　主编

主　　编：拾　月
副主编：王洪锋　卢丽艳
编　委：张　帅　车　坤　丁　辉
　　　　李　丹　贾宇墨

吉林出版集团股份有限公司
全国百佳图书出版单位

图书在版编目（ＣＩＰ）数据

社会的舞台 / 拾月主编. -- 长春：吉林出版集团股份有限公司, 2016.2（2022.4重印）

（人生大学讲堂书系）

ISBN 978-7-5581-0736-8

Ⅰ. ①社… Ⅱ. ①拾… Ⅲ. ①成功心理－青少年读物 Ⅳ. ①B848.4-49

中国版本图书馆CIP数据核字（2016）第041342号

SHEHUI DE WUTAI

社会的舞台

主　　编	拾　月	
副 主 编	王洪锋　卢丽艳	
责任编辑	杨亚仙	
装帧设计	刘美丽	

出　　版　吉林出版集团股份有限公司
发　　行　吉林出版集团社科图书有限公司
地　　址　吉林省长春市南关区福祉大路5788号　邮编：130118
印　　刷　鸿鹄（唐山）印务有限公司
电　　话　0431-81629712（总编办）　0431-81629729（营销中心）
抖 音 号　吉林出版集团社科图书有限公司　37009026326

开　　本　710 mm×1000 mm　1 / 16
印　　张　12
字　　数　200 千字
版　　次　2016 年 3 月第 1 版
印　　次　2022 年 4 月第 2 次印刷

书　　号　ISBN 978-7-5581-0736-8
定　　价　36.00 元

如有印装质量问题，请与市场营销中心联系调换。0431-81629729

"人生大学讲堂书系" 总前言

昙花一现，把耀眼的美只定格在了一瞬间，无数的努力、无数的付出只为这一个宁静的夜晚；蚕蛹在无数个黑夜中默默地等待，只为了有朝一日破茧成蝶，完成生命的飞跃。人生也一样，短暂却也耀眼。

每一个生命的诞生，都如摊开一张崭新的图画。岁月的年轮在四季的脚步中增长，生命在一呼一吸间得到升华。随着时间的推移，我们渐渐成长，对人生有了更深刻的认识：人的一生原来一直都在不停地学习。学习说话、学习走路、学习知识、学习为人处世……"活到老，学到老"远不是说说那么简单。

有梦就去追，永远不会觉得累。——假若你是一棵小草，即使没有花儿的艳丽，大树的强壮，但是你却可以为大地穿上美丽的外衣。假若你是一条无名的小溪，即使没有大海的浩瀚，大江的奔腾，但是你可以汇成浩浩荡荡的江河。人生也是如此，即使你是一个不出众的人，但只要你不断学习，坚持不懈，就一定会有流光溢彩之日。邓小平曾经说过："我没有上过大学，但我一向认为，从我出生那天起，就在上着人生这所大学。它没有毕业的一天，直到去见上帝。"

人生在世，需要目标、追求与奋斗；需要尝尽苦辣酸甜；需要在失败后汲取经验。俗话说，"不经历风雨，怎能见彩虹"，人生注定要九转曲折，没有谁的一生是一帆风顺的。生命中每一个挫折的降临，都是命运驱使你重新开始的机会，让你有朝一日苦尽甘来。每个人都曾遭受过打击与嘲讽，但人生都会有收获时节，你最终还是会奏响生命的乐章，唱出自己最美妙的歌！

正所谓，"失败是成功之母"。在漫长的成长路途中，我们都会经历无数次磨炼。但是，我们不能气馁，不能向失败认输。那样的话，就等于抛弃了自己。我们应该一往无前，怀着必胜的信念，迎接成功那一刻的辉煌……

感悟人生，我们应该懂得面对，这样人生才不会失去勇气……

感悟人生，我们应该知道乐观，这样生活才不会失去希望……

感悟人生，我们应该学会智慧，这样在社会上才不会迷失……

本套"人生大学讲堂书系"分别从"人生大学活法讲堂""人生大学名人讲堂""人生大学榜样讲堂""人生大学知识讲堂"四个方面，以人生的真知灼见去诠释人生大学这个主题的寓意和内涵，让每个人都能够读完"人生的大学"，成为一名"人生大学"的优等生，使每个人都能够创造出生命中的辉煌，让人生之花耀眼绚丽地绽放！

作为新时代的青年人，终究要登上人生大学的顶峰，打造自己的一片蓝天，像雄鹰一样展翅翱翔！

"人生大学活法讲堂"丛书前言

  "世事洞明皆学问，人情练达即文章。"可见，只有洞明世事、通晓人情世故，才能做好处世的大学问，才能写好人生的大文章。特别是在我们周围，已经有不少成功的人，他们以自己取得的骄人成绩向世人证明：人在生活面前从来就不是弱者，所有人都拥有着成就大事的能力和资本。他们成功的为人处世经验，是每个追求幸福生活的有志青年可以借鉴和学习的。

  幸运不会从天而降。要想拥有快乐幸福的人生，我们就要选择最适合自己的活法，活出自己与众不同的精彩。

  事实上，每个人在这个世界上生存，都需要选择一种活法。选择了不同的活法，也就选择了不同的人生归宿。处事方式不当，会让人在社会上处处碰壁，举步维艰；而要想出人头地，顶天立地地活着，就要懂得适时低头，通晓人情世故。有舍有得，才能享受精彩人生。

  奉行什么样的做人准则，拥有什么样的社交圈子，说话办事的能力如何……总而言之，奉行什么样的"活法"，就有着什么样的为人处世之道，这是人生的必修课。在某种程度上，这决定着一个人生活、工作、事业等诸多方面所能达到的高度。

  人的一生是短暂的，匆匆几十载，有时还来不及品味就已经一去不复返了。面对如此短暂的人生，我们不禁要问：幸福是什么？狄慈根说："整个人类的幸福才是自己的幸福。"穆尼尔·纳素夫说："真正的幸福只有当你真正地认识到人生的价值时，才能体会到。"不管是众人的大幸福，还是自己渺小的个人幸福，都是我们对于理想生活的一种追求。

  要想让自己获得一个幸福的人生，首先就要掌握一些必要的为人处世经验。如何为人处世，本身就是一门学问。古往今来，但凡有所成就之人，无论其成就大小，无论其地位高低，都在为人处世方面做得非常漂亮。行走于现代社会，面对激烈的竞争，面对纷繁复杂的社会关系，只有会做人，会做事，把人做得伟岸坦荡，把事做得干净漂亮，才会跨过艰难险阻，成就美好人生。

那么，在"人生大学"面前，应该掌握哪些处世经验呢？别急，在本套丛书中你就能找到答案。面对当今竞争激烈的时代，结合个人成长过程中的现状，我们特别编写了本套丛书，目的就是帮助广大读者更好地了解为人处世之道，可以运用书中的一些经验，为自己创造更幸福的生活，追求更成功的人生。

本套丛书立足于现实，包含《生命的思索》《人生的梦想》《社会的舞台》《激荡的人生》《奋斗的辉煌》《窘境的突围》《机遇的抉择》《活法的优化》《慎独的情操》《能量的动力》十本书，从十个方面入手，通过扣人心弦的故事进行深刻剖析，全面地介绍了人在社会交往、事业、家庭等各个方面所必须了解和应当具备的为人处世经验，告诉新时代的年轻朋友们什么样的"活法"是正确的，人要怎么活才能活出精彩的自己，活出幸福的人生。

作为新时代的青年人，你应该时时翻阅此书。你可以把它看作一部现代社会青年如何灵活处世的智慧之书，也可以把它看作一部青年人追求成功和幸福的必读之书。相信本套丛书会带给你一些有益的帮助，让你在为人处世中增长技能，从而获得幸福的人生！

第1章 社会大舞台，带着智慧来

第5章 善于调整目标，抓住社会时机

第 1 章

社会大舞台，带着智慧来

　　血气方刚的年轻人，总有着一股天不怕、地不怕的冲劲。但事实是，牛犊它之所以不怕老虎，是因为牛犊还不知道老虎是怎么回事，老虎会对自己有什么样的威胁。不怕是由于什么都不知道。其实不是因为牛犊不怕，而是它完全不知道什么是怕。这时候，无论如何警告牛犊，老虎是会吃人的，它都不懂。所以初生牛犊不怕虎，其实不是勇气，而是无知。

第一节　面对社会，不要做"初生牛犊"

俗话说：初生牛犊不怕虎。血气方刚的年轻人，总有着一股天不怕、地不怕的冲劲。可是，每个人最好静下心来仔细思考这样一个问题：初生的牛犊为什么不怕虎？是因为它比成年的老虎要勇猛无敌吗？答案当然不是。牛犊它之所以不怕老虎，是因为牛犊还不知道老虎是怎么回事，老虎会对自己有什么样的威胁。不怕是由于什么都不知道。其实不是因为牛犊不怕，而是它完全不知道什么是怕。这时候，无论如何警告牛犊，老虎是会吃人的，它都不懂。所以初生牛犊不怕虎，其实不是勇气，而是无知。

进入社会应懂得改变

学校终归不是人生的终点站。当每个人离开校园的平和安逸后，即将面对的就是纷繁复杂的社会。在现实的社会中，很多"一派正气"被说成"不近人情"，很多"温和婉转"被定为"世故圆滑"。所以人活在这个社会当中，像舟行于江河，处处有风浪，有阻力。看似顺水行舟，实则逆流强行。

青少年未经社会的打磨，总会有些自己的棱角，这些棱角在前行的路上就会成为阻力。由于这些阻力的影响，就会分心在这些前进目标之外的事物上，因此无法聚精会神地奔向自己的目标，自然要走许多的弯路。所以青少年要懂得，个性不会让自己成为别人眼中的另类达人，也许仅仅是跳梁的小丑，自取其辱而已。

　　李华十分喜欢迈克尔·杰克逊，在大学的时期就因为喜欢迈克尔·杰克逊而打扮得很新潮，从而引起了大家的关注。大学毕业后的他进入了一家物流公司，他依旧打扮夸张个性，毫不收敛。有一天，他居然穿着睡衣去上班，这在公司里面引起了不小的骚动。年纪偏大的老总怎么看他都不顺眼，于是总是找一些旁敲侧击的话来提醒他注意自己的衣着打扮。

　　一天，因为一件邮包的送货速度太慢，他被老板狠狠地臭骂了一通，同事们也对他颇有意见。终于种种环境的压力让李华不得不离开这家公司。

　　李华喜欢自己的偶像并没有错，但是他却不明白自己的身份始终是一个普通的小职员，而迈克尔·杰克逊是天王巨星，是流行音乐之王，他穿睡衣出门是时尚，能够引起一阵潮流，是个性。而自己什么都不是，除了遭到嘲笑，还能收到什么？

　　面对社会中的现实，不能根据实际情况而区分，一味地模仿就是无知的表现。初入社会，有些无知天真是很正常的，但是要懂得适时地改变，而不是一味地沉浸其中。

做好自己的社会角色

　　谁都不想当配角，但又不是谁都能当主角，这其中该怎么取舍呢？当自己的实力还没被人们所认同的时候，是要事事力争呢，还是甘于寂寞呢？"后发制人，先发制于人"，这道理相信每个人都能理解，因为一开始就将自己暴露给对手终究不是什么好事。最聪明的做法是在角落里静观其变，等待时机成熟的时候再奋力一击。这实际上就是"不打无准备之战"。演好配角是每个人生活当中的第一个任务，一个连配角都演不好的人很难想象他还能演好主角。

　　每个人在不同环境中都有不同的社会角色。在单位，可能是主管；在大街上，不过是一个行人。从这个角度来说，主角和配角只是一种错觉罢了。也就是说，在生活中并没有严格的主、配角的区分。每个人不只是要演配角，还要演主角，而这两者随时都有可能相互转换。

　　龚遂是汉宣帝时期一名能干的官吏。当时渤海一带灾害连年，百姓不堪忍受，纷纷聚众造反。当地官员镇压无效，束手无策。汉宣帝派年已七十余岁的龚遂去任渤海太守。

　　龚遂单车简从到任，安抚百姓，与民休息，鼓励农民垦田种桑；规定农家每户种一株榆树、一百棵荙白、五十棵葱、一畦韭菜，养两口母猪、五只鸡；对于那些心存戒备，依然带剑的人，他劝谕道："为何不把剑卖了去买头牛？"经过几年治理，渤海一带社会安定，百姓安居乐业，温饱有余，龚遂名声大振。

　　于是，汉宣帝召他还朝。他有一个属吏王先生，请求随他一同去长安，并说："我对你会有好处的！"其他属吏却不同意，说："这个人，一天到晚喝得醉醺醺的，又好说大话，还是别带他去为好！"龚遂说："他想去就让他去吧！"

　　到了长安后，这位王先生还是终日沉溺在醉乡之中，也不见龚遂。可有一天，当他听说皇帝要召见龚遂时，便对看门人说："去将我的主人叫到我的住处来，我有话要对他说！"

　　龚遂也不计较，还真来了。王先生问："天子如果问大人如何治理渤海，大人当如何回答？"

　　龚遂说："我就说任用贤材，使人各尽其能，严格执法，赏罚分明。"

　　王先生连连摆手道："不好！不好！这么说岂不是自夸其功吗？请大人这么回答：'这不是小臣的功劳，而是天子的神灵威武所感化！'"龚遂接受了他的建议，按他的话回答了汉宣帝。汉宣帝果然十分高兴，便将龚遂留在身边，任以显要且又清闲的官职。

龚遂正是因为采取了这样一种甘当配角的策略，才得到了汉宣帝的赏识。

安分守己演好配角并不是要当真就以配角自居，而是说当对外要表现出一种乐于当别人绿叶的姿态。这就要求每个人不要事事都表现得比别人要强，而以谦虚的姿态做好自己的角色。

刘邦称帝后，韩信被刘邦封为楚王。不久，刘邦接到密告，说韩信接纳了项羽的旧部钟离昧，准备谋反。于是，刘邦采用谋士陈平的计策，假称自己准备巡游云梦泽，要诸侯前往陈地相会。韩信知道后，杀了钟离昧来到陈地见刘邦，刘邦下令将韩信逮捕，押回洛阳。回到洛阳后，刘邦知道韩信并没谋反的事，又想起他过去的战功，便把他贬为淮阴侯。韩信心中十分不满，但也无可奈何。刘邦知道韩信的心思，有一天把韩信召进宫中闲谈，要他评论一下朝中各个将领的才能。韩信一一说了。当然，那些人都不在韩信的眼中。刘邦听了，便笑着问他：

"依你看来，像我能带多少人马？"

"陛下能带十万。"韩信回答。

刘邦又问："那你呢？"

"对我来说，当然越多越好！"

刘邦笑着说："你带兵多多益善，怎么会被我逮住呢？"

韩信知道自己说错了话，忙掩饰说："陛下虽然带兵不多，但有驾驭将领的能力啊！"

刘邦见韩信降为淮阴侯后仍这么狂妄，心中很不高兴。

后来，刘邦再次出征，刘邦的皇后吕氏终于设计杀害了韩信。

这一切都是韩信缺乏主配角的考虑而酿成的苦果。

在这个五彩缤纷的社会上，分工、机遇、受教育层次等差异，使得

人们所处的地位各不相同。有的人位高权重，炙手可热；有的人位卑言轻，微不足道；有的人高楼大厦，锦衣玉食；有的人身无立锥之地，衣不遮体，食不果腹；有的人居庙堂之高，忧国忧民；有的人处江湖之远，乐得逍遥快活。每个人都要以自己实际所处的地位和情况去做分内的事情，而不能有侥幸思想，越权做事。每个人都有其分内的职责，这是他必须做的；而他分外的事情，自然会有其他人去做。因社会分工的不同，每个人做好自己分内的事情，才是立足社会的根本。

第二节　表里如一才会被社会容纳

一个人无论是想要谋求他人的赏识，还是想要获得他人的认可，都要明白一个道理，那就是成功之人都有敬业精神和脚踏实地、实事求是的原则。大仲马说："一两重的真诚，等于一吨重的聪明。"的确，做人不需要过分聪明，需要的是真诚与厚道。

做人要厚道

什么是厚道？厚道与刻薄相对立，就是待人要好的意思，要实实在在，不夸张，不骗人，表里如一，吃老实饭，干老实事，做老实人。

对于那些表面装作对自己所做的事情很热爱，背地里却抱怨的人，永远都不可能在自己的舞台中取得成绩。

有一个无锁不开的老锁匠，想将最后保留的绝活传给两个徒弟中的一个，所以他决定考验一下两个徒弟。

他搬来两个保险柜，一人一个，两个徒弟都很快打开了。老锁匠问两个徒弟看到了什么。徒弟甲两眼放光，兴奋地喊道："里面有好多钞票！"而徒弟乙却说："我只按照老师的要求开锁，并没注意看里面有什么。"

老锁匠当即决定把绝活传授给徒弟乙，因为他厚道——他心中有一把锁，能够锁住恶念和贪欲。

还有一家公司招聘职员，主考官问了这样一道数学题：100减1等于多少？应试者甲说，你想让它等于几，它就等于几。而应试者乙回答是等于99，结果乙被录用。

有人问主考官为什么会出这道题。他回答说："是几就是几。面试的目的就是看应试者做人厚道不厚道。"

初入社会的年轻人一定要注意，要脚踏实地、实事求是地做好自己的工作，这样才能获得成功。

小王是刚刚毕业的大学生，进入了一家广告策划公司工作。每次领导安排任务的时候，他作为新的员工，总是希望自己能够崭露头角，获得领导的赏识，所以每次都领很多的任务，想让大家和领导都觉得自己是最能干的人。

可是由于小王并没有什么工作经验，手头上的工作总是做得很紧张，不能做到尽善尽美，每次都是很匆忙地就交了工作任务。所以领导每次收到小王的成果都不是很满意。每次都遭到批评的小王觉得很不服气，自己明明很努力，为什么领导会这样说自己？

和小王同时进入公司的小方虽然每次都拿很少的任务，不显山露水的，但是却能很好地完成手上的工作，每次都能受到领导们的一致赞扬。他还很谦虚地向大家学习，很快就得到了提升。

小王虽然不服气，但是仍然向小方请教工作上的问题，小方直言不讳地对小王说："工作中，很多时候需要你事事落实，表里如一，一定要明白自己能做多少再领多少任务量，工作的起步在于你工作的质量而不是数量。"听了小方的话，小王终于明白自己哪里不足，失误在哪了，从此以后虚心地向大家学习，努力地完成自己手头上的工作，不久也得到了大家的认同和领导的表扬。他在大家的掌声中，将感激的目光投向了帮助他的小方。

要想在社会上立足，首先要学会做老实人，说老实话，干老实事，这一点若做不到，后面的都是空，都是徒耗时间和能量。尤其是初步接触社会的年轻人，如果耍小聪明，做事情没有定性，那么，不仅达不成心愿，实现不了自己的美好理想，最终也必然会被社会淘汰。

成功就是本职工作的积累

与其主动邀功以此来显示自己的与众不同，不如脚踏实地做好自己的本职工作。虚心接受他人的意见，及时地调整自己，让自己能够在反思中进步成长。一点一滴汇成大海，一分一秒组成人生，脚踏实地，一步步做好自己。

达·芬奇画出的鸡蛋不是一次次胡乱涂鸦才练好的，在他遇到失败时，虚心地总结自己的缺点，认认真真地练习，耐得住寂寞，审视自己的不足，苦练基本功，最后才成为赫赫有名的画家。越王勾践在遭到失败后并没有心灰意冷，他明白成功不会是一蹴而就，需要的是忍耐与积累，于是才有了"苦心人，天不负，卧薪尝胆，三千越甲可吞吴"的成就。古今中外的名人都很重视脚踏实地，今天的年轻人就应该把工作和学习争取做到极致，不偷奸耍滑，脚踏实地。

李丽是公司里面的"老好人"，因为会说话、会办事、能力强而受到领导的褒奖。最近公司里来了一位刚刚大学毕业的小姜，小姜是一个很聪明的女孩，工作上的事情一点就通，很多事情也能很快地顺利完成。李丽开始对小姜起了戒心，她怕小姜超越自己，于是每次小姜有什么弄不明白的地方向她请教，她都会说："不好意思，我也不是很明白这个问题，正在研究呢！等我研究出来再和你分享，好吗？"但是每次到交接工作任务，或者总结大会的时候，李丽总能因为工作一如既往的出色表现而受到领导们的表扬，为此小姜记住了李丽的"秘而不宣"。

没过几个月，小姜因为出色表现被领导提拔做组长，经常在一些小事上找李丽的麻烦。李丽自知理亏，不得不忍气吞声。

表里不如一的人就是把自己往绝路上推，一个人表面的虚伪一旦被人所发掘，就失去了大家的信任，一个人在他人眼中已经没有信用可言，那么他所说的话、所做的事情也就不会得到别人的认可。所以表里如一方能立足。

《朱子全书·论语》中说："行之以忠者，是事事要着实，故某集注云：'以忠，则表里如一。'"心里想的和外表做的一定要一致，言不由衷会遭人厌恶、猜忌，最终会一事无成。俗话说："小人用计谋，君子用德行。"小人一朝得志，君子一时失势。世上没有一步登天的捷径，所有的成功靠的是事事如实，表里如一。以脚踏实地为原则，这是被社会接纳的基础所在。

第三节　不要给自己唱赞歌

"人贵有自知之明"，一个人只有真正地了解自己，才能根据自己的情况，做出正确的分析，从而做出正确的判断。在现实生活中，有很多这样的人，尤其是一些刚刚步入社会的年轻人，满脑子装的都是梦想和抱负，他们把激情带到工作中，冲劲十足。但是往往对自己缺乏一个正确的认识，错误的心态往往让自己吃尽苦头。

有句谚语："给自己唱赞歌的人，听众只有一个。"自己的价值由他人评说，不要自吹自擂。一个人只有反省其身，拥有自知之明，才能够提升自己，不断进步。

认识不足，发现不足

每个人都要和社会接触。因此，作为个体一部分的缺点，也就不可避免地要在社会中表现出来了。所以，我们不仅要正确看待自己的缺点，还要正确看待别人的缺点。学习互动是如此，工作交往也是如此。不看对方有多少缺点，而是看对方的缺点自己能不能容忍；不看对方有多少优点，而是看对方的优点对自己有没有帮助。

"自作聪明的人总以为自己比别人知道得多，"洛克菲勒集团的副总裁雷特恩·塞克顿说，"距离无知也就一步之遥了。"自作聪明的人都有一个毛病，就是看不到自己的无知，相反还以为自己无所不知。

有一次，苏格拉底的朋友到德尔斐神庙里去问阿波罗神："世上究竟有没有比苏格拉底更智慧的人？"神回答说："没有。"苏格拉底对此感到很奇怪："我怎么会是最有智慧的人呢？但是神谕不可能错呀。"

为了验证神谕，苏格拉底首先走访了数位著名的"智者"。结果发现，名气最大的人，恰恰是最愚蠢的；而那些不大受重视的人反而愚蠢少一些。然后，苏格拉底又走访了几位诗人，发现诗人对自己所写的东西一窍不通，他们"写诗不是凭借智慧，而是凭借灵感"。最后，苏格拉底又走访了几位能工巧匠，发现他们"因为自己手艺好，就自以为在别的重大问题上也有智慧，这个缺点把他们的智慧都淹没了"。

经过一番走访，苏格拉底终于醒悟了："阿波罗神之所以说我是最有智慧的人，不过是因为我知道自己无知；别的人也同样是无知，但是他们连这一点都认识不到，总以为自己很有智慧。仅凭这一点，阿波罗神就把我算作是最有智慧的人了！"

最有智慧的人其实是有自知之明的人。无知的人会盲目地夸大自己的才能，不能只期望自己不做蠢事，却期望别人愚蠢，这是每个人应有的理智。

在人生的旅途中，正确衡量自己的能力，准确估计对手，是非常重要的。因为高估自己，低估别人，是人性中的一大弱点。藐视别人、自以为是的结果，往往是搬起石头砸自己的脚。

不要过于着急表现自己

很多人都知道一个道理：一个人要得到他人的认可，就得善于表现自己。但做任何事情都要有个度，不可做得过分，或是急于表现自己。尤其是刚刚接触社会的年轻人，满脑子都是想法，都是激情，很容易因自己的良好表现就沾沾自喜。缺乏自知的年轻人经常会以为自己很了不起，比如：以为自己会一点电脑知识，就是软件开发工程师了；以为自己会写几个字、几篇文章就成了旷古奇才了。

圣人孔子曾问学生子贡："你和颜回谁更聪明？"子贡回答："当然是颜回了，他知一明十，我只是知一明二。"子贡谦虚的胸怀让后人敬佩，这种自知的优秀品质也是每个人步入自己人生境界的基础。

古时候，楚庄王想讨伐越国。庄子劝谏道："大王要攻打越国，为的是什么？"楚庄王说："因为越国政事混乱，军队软弱。"庄子说："我虽说很无知，但深为此事担忧。一个人的智慧如同眼睛，能看到百步之外的地方，却看不到自己的睫毛。大王的军队被秦、晋打败后，丧失土地数百里，这说明楚国军队软弱；有人在境内作乱，官吏无能为力、无法禁止，这说明楚国政事混乱。可见楚国在兵弱政乱方面，与越国相差无几。您却要讨伐越国。这样的智慧如同眼睛看不见眼睫毛一样。"楚庄王便打消了攻打越的念头。

要想认识到困难，不在于能否看清别人，而在于能否看清自己。所以《老子》说：自己认识到自己才叫明察。而《孙子兵法》中就有"知己知彼，百战不殆"的兵法，说的是将领对敌我双方的情况了解清楚以后，才能够指挥若定，百战百胜。

一个缺少对自己充分认识的人，做什么事情都会显得莽撞，没有目的性和针对性，事情的结果往往适得其反。人贵有自知之明，知道自己的长处和短处，清楚自己的强项与不足很重要。一个人若懂得自知，那么必然思维清晰，通过增加自己的优势来弥补自身的不足。正如"目不见睫"，人的眼睛可以看见百步以外的东西，却看不见自己的睫毛。很多人喜欢听奉承的话，被自己的虚荣欺骗，走错路，伤人伤己。

乾隆年间，一次开科考试，有两名考生脱颖而出，伯仲难分。考官将试卷呈乾隆钦定。乾隆看完之后说："朕明天出一则上联，让他们两个来对下联，对上的人即状元。"第二天早上，乾隆见西湖风拂垂柳，烟雾凫凫，便写出"烟锁池塘柳"的上联。这则上联是康熙年间时，苏麻拉姑考伍次友的对联，伍次友称此上联为天下第一绝对，而康熙皇帝也称它为鳏对。两位考生举目观瞧，第一个看到此联大惊失色转身而走，另一名想了半天只好悻悻而去。结果乾隆御点先走的为状元。人们都没弄明白怎么回事。乾隆道："此联是绝对，哪会有人写出下联？第一名考生能在瞬间断定，才华必高也！"原来此上联内涵"金木水火土"五行，要续此对，也需五行，这就绝非一般了。

第一名看到此联的人转身就走，一方面说明其才华之高，看出来此联的玄机，另一方面也充分说明了他有自知之明，知道凭借自己的能力是对不出下联的，所以才得到了乾隆皇帝的赏识。自知无知才求知，自知无畏才进取。一个懂得自己、了解自己的人，会让自己在不足的地方适当低头，然后学到新知识。而一味地显示自己才华而不自知的人，永远都不可能进步。

在社会上成长的青少年更加如此，书本上的好多知识不足以让我们在社会上施用，有些根本就没法用到实际的生活中，面对这样的情况，我们应该有自知之明，因为自知不明的人，往往看不到问题的实质，摆不正自己的位置，找不到合理解决问题的办法，如果不能以理性来处理问题，为己之利，把痛苦建立在无辜的朋友身上，终将付出惨痛的代价。

第四节　凡事靠自己，少存依赖心

当今社会，竞争激烈，社会高度文明，经济与科技飞速发展，机遇与挑战并存。一个有理想、有抱负的年轻人想要立足于这样一个社会，答案只有一个，那就是靠自己。靠自己的前提，就要不断地提升自己。一个不优秀的人如何变得优秀呢？所谓靠自己，其实就是说人要把握自我的生存方式。人活着，只有自己照顾自己，只有跌倒了自己爬起来再继续走，才可能看到成功。

天生我材必有用

上天已经注定了自己没有像李嘉诚那样的父辈，难道就要悲哀自叹而认输了吗？也许每个人的人生起跑线真的不同，但是谁能笑到终点还不一定。所以，靠自己就没有什么不可能。苦难靠自己摆脱，命运靠自己改变。李嘉诚生下来的时候也不是华人首富，也是靠着他自身一点点努力才成就了华人首富，所以凡事靠自己，少存依赖心。

小蜗牛问妈妈："为什么我们从生下来，就要背负这个又硬又重的壳呢？"

蜗牛妈妈说："因为我们的身体没有骨骼的支撑，只能爬，又爬不快。所以要这个壳的保护！"

小蜗牛又问："毛毛虫姐姐没有骨头，也爬不快，为什么它却不用背这个又硬又重的壳呢？"

蜗牛妈妈回答："因为毛毛虫姐姐能变成蝴蝶，天空会保护它啊。"

小蜗牛说："可是蚯蚓弟弟也没骨头又爬不快，也不会变成蝴蝶，它为什么不背这个又硬又重的壳呢？"

蜗牛妈妈说："因为蚯蚓弟弟会钻土，大地会保护它啊。"

小蜗牛哭了起来："我们好可怜，天空不保护，大地也不保护。"

蜗牛妈妈安慰说："所以我们有壳啊！我们不靠天，也不靠地，我们靠自己。"

现今的社会，除了靠自己还能靠什么？不要羡慕那些子承父业的"富二代"了，毕竟每个人无法选择自己的出身，富裕的家境提供一个相对安逸的生活，却给不了人们坚强的意志，可以提供丰厚的财产，却给不了人们内在的丰富学识。所以每个人更应该学习蜗牛，自强自立，相信天生我材必有用。

相信自己能行

凡事心存依赖的人，一旦遇到了事情就会想到找人帮忙。这就如拐杖，刚刚学会走路的人总会摔几个跟头。如果怕疼，不想摔跟头，那么就只能靠拐杖了，结果是这一辈子都拐不下拐杖。假如每个人也像小蜗牛一样，既不能像蝴蝶有天空保护，也不能像蚯蚓受大地保护，那么，要生存就得靠自己，靠自己那硬硬的壳来保护自己，这是一种能自我把握的生存方式。

曾经有一个乞丐，饿极了，他鼓足勇气，敲了一家人的门。

打开门的是个老爷爷。这位老人看了看这个乞丐说："要饭吗？"

乞丐不出声低着头。

"多大了？"

"20。"

"哪里人？"

"河南。"

"来城里没找事做？"

"找了，没找到，也没钱回家了。"说着，乞丐哭了。

"进来吧。"老人笑着说。

乞丐鼓足勇气进了这位老人的家，美丽的屋子与衣衫褴褛的乞丐，看起来极不搭调。

老人说："孩子，不要怕！你先去卫生间洗洗，把身上的脏衣服换掉。我儿子有些旧衣服，你换上。"

过了一会儿，卫生间打开了，那乞丐已不像乞丐了。上身穿着蓝衬衫，下身穿着黑裤子，脚上穿着皮鞋，头发一洗一梳，还挺帅。

老人对乞丐说："孩子，你走吧！我不给你钱，也不给你吃的。这些都得靠你自己去挣，你可以挣到的，只要你意识到自己的价值。"

过了两年，老人收到了一份请柬，一家酒楼开业了，邀请人正是当初的那个乞丐。

没有谁天生就是做乞丐的命，"命由己造"，自己的命运往往靠自己把握。一味地感慨自己的悲惨命运是不会有任何改变的。一个人只有"相信自己能行"的信念，并为之去努力，这样才能有所作为。每个人都应该有自己的价值和意义，如果想让自己的价值得到最大的体现，就要不局限于眼前的利益。

遇到困难不去想着自己解决，而是要寄希望于其他人，那么困难永远不会得到解决。要清楚一件事：生存在这个社会，"过得了这个沟前面还有一条河"，如果不靠自己去征服困难，就必然会一事无成。别人可以帮你一次、两次，不可能帮一生一世。只有靠自己，掌握了应对困难的方法，才能做到兵来将挡，水来土掩。

一个人倘若把希望寄托于其他人身上，那么一旦在其他人身上得不到满足，就必将失落然后导致失败。要知道在这个社会上，不会有天上掉馅饼的好事。生命只有一次，既然每个人的生命都不会施舍给别人，别人自然也不会施舍给自己，所以靠自己的努力才能真正地赢得成功，不要有依赖他人的侥幸心理。

第五节　不做行走社会的"独行侠"

社会就是一个复杂的人际关系网。一个人的能力是有限的，很多事情即使自己能力再强，也还是需要借助外力的帮助、扶持，才能完成，才能做好。很多初入社会中的年轻人，主观意识很浓，往往因为过于自信个人的能力而忽略了团队的力量。同时，这种表现也让周围的人认为此人好大喜功、骄傲自满。

独木不成林，单丝不成线

团队精神一直被世人所颂扬，尤其在中国，强调整体利益大于个人利益。充分利用每一个成员的能力，为同一个目的而努力，一方面可以提高效率，另一方面团队效果大于单个人的效果之和。团队合作也被现代企业视为工人的必备素质。

中国有句古话："一个篱笆三个桩，一个好汉三个帮。"就是说，一个人的能力终究有限，要实现自己的宏伟目标，就必须要找到帮手。在激烈的竞争下，要想战胜竞争对手，就必须注意随时寻找可靠的同盟者。一个人纵使智慧再高，也抵不过众人的集思广益，正所谓"三个臭皮匠，赛过诸葛亮"。

社会就犹如一个大的自然环境，优胜劣汰，适者生存。在竞争激烈的社会上，每个初入社会的年轻人应该多向能在自然界恶劣环境下生存的狼学习，其原因就是狼很团结，当它们遇到强大的敌人和猎物时，总是群起而攻之，最后大家一起享用战利品。

深山中，有一只豹子遇到了一只狼。豹子很饿，想把狼吃掉，便对它进行了攻击。这只狼一边躲闪着豹子的攻击，一边发出求救的嚎叫。

豹子心想："你叫啊，叫破喉咙也没有人来救你。"豹子几次扑上去，狼都迅速地躲开，嚎叫声一直未停歇。豹子一直盯着眼前这只狼，突然听到了一阵风吹草动。顷刻之间来了一大群狼，它们把豹子围在了中间。豹子为躲避群狼的围攻，便爬到了一棵树上。然而这群狼却不肯放弃，每只狼都用牙齿把树咬断，最后群起而攻之，把豹子消灭了。这就是狼群团结的力量，也是狼生存的力量。如果没有伙伴的援助，只是孤军奋战，孤狼可能早已成为豹子的腹中餐了。

俗话说："好汉难敌四手，猛虎不敌群狼。"一个人的能力再大，也只能做一个人的事。要想掌控全局，指挥若定，就必须要有足够的帮手撑起事业的基石。一个人考入大学也许靠的是学习成绩好、高考分数高，但是步入社会，学习成绩并不能代表一切，进入社会必须重视与他人合作。社会不缺少"独行侠"，一心想要独孤求败，其结果必将不求自败。就如一盘散沙，不管它再怎么金黄发亮，也仍然没有太大的作用，只有和水泥搅在一起，才能盖成高楼大厦。

团结力量大

现如今的社会里，分工越来越细，竞争也日益激烈。单靠个人的力量是无法应对千头万绪的工作的。如果不懂得合作，不懂得集体的力量，不重视互相合作，那么个人的工作也将无法顺利地进行，自然也不能成就一番大的事业。

　　小李在大学里学的是计算机专业，毕业以后不到半年，就进入了一家很好的IT电子公司，主管一些软件的开发。他听说自己能够这么快得到提升，完全是因为领导很欣赏自己。他心里面不禁有些沾沾自喜。每次自己研究完的软件，他都躲躲藏藏地放起来，生怕别人知道自己怎么做的。

　　但是没过多久他就发现，其实公司里每个人的能力都很强，只有自己是一个刚刚毕业不久的大学生，其他人都有很多经验，能力上也比自己强很多。那些人每天都团结在一起，而自己反而好像受到了抛弃一般，渐渐地大家都疏远了自己。过了不长时间，软件的开发越来越难，自己经常遇到一些不能解决的问题，自己研究了很久的成果仍然免不了被领导驳回。

　　他开始一个人静静地思考：一个人的力量是有限的，一个人的办法就是一个办法，而两个人或者更多人才是更多的办法。于是他主动和大家交流沟通，同时又把自己的好点子和大家分享。后来大家也很乐意告诉他自己的想法，小李赢得了大家的认可，最后也赢得了领导的青睐。

　　在社会上要懂得与人合作，这样才能有所提升。当今社会有很多职场人士都被一个问题所困惑：为什么自己专心致志地工作，工作做得也不错，但是老板就是不青睐自己？其实，一个正规的公司，在管理人员上，都会特别注意员工之间的协调性和合作性。有些人总以为"各人自扫门前雪，休管他人瓦上霜"是一种很低调的处世哲学，但是这种想法的结果还有负面的，那就是自己遇到问题时，不会有人来帮助自己，个人的想法永远都是单一的，永远都没有新鲜的血液注入，最终必将走向灭绝。

　　穆罕默德说："一滴水的最好的去处就是大海。"再有能力的人也不过就是一滴水，而集体才是一片汪洋大海。年轻人初入社会要懂得将自己融入大海，这样才不会干涸。当然要加入集体也要在保护自己并自立自强的前提下，才去联合别人的力量。年轻人在自身力量不足的情况下，一定要积极地寻求机会与人合作，因为只有这样才能为自己争取更多的成功机会。

第六节　丢掉虚荣，抓住机会

中国有句俗语："死要面子活受罪。"就是这样，有些人宁愿背后苦闷辛酸，也要人前风光无限，其实这就是一种虚荣心在作祟。伟大的爱国诗人屈原曾经说过："善不由外来兮，名不可以虚作。"高尚的品德不是外界的恩赐，美好的名声不靠虚假烘托。初入社会的年轻人一定要记得，虚荣心不要太强，要多注重自身的修养。

虚荣的危害

关于面子问题，人们更应该学习狼的智慧。因为狼不会为了所谓的尊严，在自己强大时不攻击比自己弱小的动物。同时狼也决不像人那样，死要面子活受罪！要像狼那样懂得通过自己的内在努力来获得认可，而不是一味地要求别人尊重自己。

齐国有一个人，家里有一妻一妾。他每次出门回家，必定是吃得饱饱的，喝得醉醺醺的。他的妻子问他一起吃喝的是些什么人。据他说，全都是些有钱有势的人。他的妻子告诉他的妾说："丈夫出门，总是酒醉肉饱地回来；问他和些什么人一道吃喝，据说都是些有钱有势的人。但我们却从来没见到什么有钱有势的人物到家里面来过。我打算悄悄地看看他到底去些什么地方。"

第二天早上起来，妻子便尾随在丈夫的后面。走遍全城，没有看到一个人站下来和她的丈夫说过话。最后她的丈夫走到了东郊的墓地，向祭扫坟墓的人要些剩余的祭品吃，吃的不够，又东张西望地到别处去乞讨，这就是他酒醉肉饱的办法。他的妻子回到家里，将自己的所见告诉妾，并且说："丈夫是我们仰望并终身依靠的人，现在他竟然是这样的！"二人在庭院中咒骂着，哭泣着。而丈夫还不知道。他得意杨杨地从外面回来，在他的两个女人面前摆威风，继续吹嘘自己如何如何的与有钱人打交道，一起吃喝。

这是孟子写的《齐人有一妻一妾》的故事，孟子原意是讽刺那些不择手段地奔走于诸侯之门、求升官发财的人。就如这篇文章中的丈夫，最后的结果只会落得一事无成，被人们所鄙视。

重视面子就是阻碍自己的发展

太过于注重面子就很难做到务实。有一个典故，说有个人家里很穷，但又怕别人笑他穷，就在家门口挂上一块肥肉，每次出门时在嘴上擦一下，让人家以为他顿顿吃肉。

初入社会，过分虚荣其实是一种很危险的行为。有些年轻人以为自己装作很有钱的样子就会被重视，殊不知自己的表现已经让人觉得很幼稚了。并非不在乎面子就是正确的，但过分重视以至于虚荣，就是有害的。现代社会重视面子应来源于希望自己更符合善意、公正、诚实和自信这些社会价值。希望新一代的年轻人更重视自己内在的修养，而不是华而不实的外表，不要为了在人前保住面子而自欺欺人。

项羽想东渡乌江。乌江的亭长撑船靠岸等待项羽，他对项羽说："江东虽小，也还有方圆千里的土地、几十万的民众，也足够称王的了。请大王急速过江。现在只有我有船，汉军即使追到这，也没有船只渡河。"项羽笑道："上天要亡我，我还渡江干什么？况且我项羽当初带领江东的子弟八千人渡过乌江向西挺进，现在无一人生还。即使江东的父老兄弟爱戴我，拥我为王，我又有什么脸见他们呢？或者即使他们不说，我项羽难道不感到内心有愧吗？"

项羽打了败仗后跑到乌江，本来是可以乘坐渔船逃回江东的，但项羽放弃了。因为他觉得"无颜见江东父老"，没有面子回去面对他的乡亲父老了，结果他选择了自刎。他的死，成全了一代枭雄的气节，但是代价是自己的生命就此结束，彻底输掉了未来。

初入社会的年轻人，不懂的知识有很多，这个时候需要多向那些有经验的前辈虚心地请教，不要觉得不懂就问是件很丢脸的事情。敏而好学，不耻下问，才能学到真正的本领。一个人如果在森林里迷路了，不好意思去问路，那么就只能在原地打转，的确是保住了暂时的面子，却有可能失掉了永久的机会。如果为了显示自己与众不同，想要旁人高看一眼，不妨靠自己的努力和奋斗闯出一片属于自己的天空。

第七节　自尊自强，不失敬于人

面对多姿多彩的社会，年轻人初来乍到，难免会迷失自我。著名哲学家陈家琪说过："尊严是文明，但又像一层贴在脸上的东西一样容易脱落。"尊严其实是靠自己来维护的，如果连自己的尊严都可以随意践踏，那么其他人尊不尊重就没有那么重要了。

做人在尊严方面最好能够活得像只渴望自由的狼。狼不会为了嗟来之食而不顾尊严地向主人摇头晃尾。因为狼知道，决不可有傲气，但不可无傲骨。狼为自由而生，即使被关在动物园里，每一匹狼也一直不停地在动，寻找出逃的机会，这一点连老虎、狮子都比不上。

活出自己的精彩

一个很早就失去父亲的男孩，与母亲过着清贫的生活。一年暑假，他与同伴一起去同伴的爷爷家玩。同伴的爷爷是一位退伍军官，住在一座独院的两层小洋房内。男孩被眼前的景象惊呆了，一直住在烂泥屋子里的他，哪见过这样栽着花种着草的院子和被粉刷得漂漂亮亮的房子？特别是当同伴的爷爷和蔼地叫他脱鞋进屋时，他扭捏了半天也不敢进去，因为那光滑的木质地板比他睡觉的床都不知好多少倍。

最后，他在屋子里坐着，挪都不敢挪一步，生怕把地板踩坏了。回家的路上，男孩一个人哭着，为什么别人家脚踩的地方都远远胜过自己睡觉的地方？回家后他向母亲哭诉。母亲听完后，为男孩擦干眼泪，平静地说："孩子，我们不必羡慕别人家漂亮的地板，再漂亮的地板也是被人踩的。只要我们好好地活着，不自卑地活着，有尊严地活着，任何漂亮的地板我们都可以把它踩在脚下。"男孩擦擦眼睛，似懂非懂地点了点头。后来，男孩读中学了，他随母亲一起从乡下搬进了小镇。几年后历经坎坷，他又随母亲来到上海。昔日的男孩，已长大成人。他走过的地板越来越漂亮，但他时刻也没有忘记母亲的话。虽然他仍旧贫穷，虽然他见过许许多多漂亮的地板，但他从来没有自卑过、难受过。那些漂亮的地板上，只留下他昂首前行的脚印。而那些脚印，可让后世敬仰，因为那孩子成了大翻译家——傅雷。

生活中有许多"漂亮的地板"困扰着人们，很多人也常因它们而或喜或悲。但不管怎样，年轻人都不应忘记自己的尊严。因为尊严是一种极高的精神境界，它能给人以雄心和自信。任何刻意进行的取悦之举，最终的回报都只能是失望。唯一可以让自己获得满足与成就感的，是自己的自尊自立自强，是自己的心灵同在，而不是取悦于人。

不能为取悦而失敬于人

社会上有些人，他们会为了一时的利益而出卖自己的尊严和人格，为了讨好所谓的上司不惜损害周围所有人的利益，这样的人总会在最后输得很惨。一定要记得，不要因为取悦某人而就此贬低另一个人，永远不可能知道那个人会给自己带来什么样的灾难或者是运气。

清代陈皋漠写了一则故事，刻画了"势利眼"善于阿谀奉承的嘴脸。故事是这样的：一群幕僚围着上司议事，忽然一声屁响，大家顿时愕然，面面相觑。上司解释说："是我放的屁，不必介意。"幕僚马上奉迎道："不见得臭。"上司说："好人放的屁不臭就不好了。"幕僚忙抓了一把空气，放在鼻子底下连闻几下，说："才来，才来。"

在社会中生存，一定要记得不能为取悦于人而失敬于人。社会中很多事情都不是眼睛看到的那么简单。如果因为某人今朝得志而曲意奉承，因为某人郁郁不得志就此打压，往往最后自己也不会有什么好的下场。

同时，也不要因为想要巴结某人而使自己陷入卑微的境地中。不要为了一时的上位，而让自己活得像一只摇尾乞怜的狗，做一只有尊严、有傲骨的狼才能让自己在社会中得到更多的尊重。

要记得，别人不会因为你的取悦而喜欢你，同样也不会因为你的奉承和低贱而可怜你。活着要有自己的价值，自己的主见，不因为任何人或事而改变。生活在社会中的很多事情都是这样的，因为那些本不属于自己的物质或者人而改变自己，那么最终的结果是在社会中永远地迷失自己。

第八节　凭良心做人，凭能力做事

"国有国法，家有家规"，社会自然也有社会的一套规则。无规矩不成方圆，不遵守社会的规则必将遭到社会的遗弃。

老人讲："做人要讲良心。"良心究竟是什么？倘若一个人没有良心会怎么样呢？

良心其中也包括不能失去道德，要懂得感恩。如果一个人不讲良心，那么必然会导致其人际关系的冷漠，因为谁都不愿意同一个没有良心的人打交道。

凭良心做人

鲁褒的《钱神论》所言："失之则贫弱，得之则富昌。"凭良心做人是人生最基本的规则。人人都需要用良心对待任何人和事，做事不讲良心，迟早会失去一切，最后贫困羸弱。做事有良心，则富裕昌盛。初入社会的年轻人对于这一点更应该注意，很多年轻人道德意识淡薄，不尊重自己的师长，不敬爱自己的父母，结果遭到人们的唾弃。在这个社会上，良心可以说是最基本的做人准则了，一个人如果连最基本的良心都没有，那也不要指望这个人能将其他事情做好。

古时候，有个叫林二的人，是一个屠夫，经常在卖肉的时候注入一些水，以此来让自己的肉卖更多的钱。后来他听同行李三说，往猪肉里掺入一些铜粉和砒霜可以让猪肉一下变大，而且铜粉和砒霜在一起能够减少砒霜的毒。于是他在夜深人静的时候，偷偷地割下来一小块肉做了实验，并泡在了盆里，打算白天看个究竟。

半夜里林二的老婆上厕所，由于屋子里黑，而不小心撞翻了做实验的盆，同时又把其他的肉也扣在了地上。林二的妻子慌张地拾起散落在地上的猪肉，然后回去睡觉。第二天早上，林二已经把盆里的肉放在锅里，做成了熟食，看昨晚做实验的盆里的肉没有任何变化，他笑了笑："李三这个小子骗我，幸好我没有信他的话，自己做了个实验。"做好了饭他把剩下的大部分肉用扁担挑到集市上卖。傍晚回家，林二发现自己的妻子和两个儿子、一个女儿全都躺在屋子里，七窍流血。仵作来验尸，判定肉里面下了毒，而林二没有吃自己做的猪肉，所以幸免活下来。所以县官判定，林二蓄意杀人，把他抓进了大牢。

家破人亡，这就是林二经商不讲究良心的报应。只是可惜了他的孩子和其他人都成为牺牲品。作为一个刚步入社会的年轻人，良心是不能被任何利益泯灭的。一个没有良心的人也就不配称之为人，况且每一行业都是"先做人，再学艺"。所以没有良心的人是不能学到好的技艺的。在社会上生存的，一个没有那么大能力却死扛的人也是做不好任何事情的。

凭能力做事

"凭良心做人，凭能力做事"，说起来很简单的一句话，可是能够真正做到的人其实很有限，有些人总是觉得自己很了不起，想要干一番大事业，可是他口中的"大事业"居然就是成为独裁者抑或是本来凭借自己的能力仅仅能搬起十块砖，却偏要搬起二十块砖一样。这就是古语中经常提到的"人心不足蛇吞象"，人贪心不足，就像蛇想吞食大象一样。

小刘因为一次一个月内连续自愿加班，被公司里面评为"优秀员工"，领导为此在大会上还夸了小刘。其实小刘那一个月连续加班，是因为自己租的房子太冷了，不愿意回去；另一方面是工作没有安排妥当，时间有些不够用，可能会导致月末交不上工作任务，所以才会连续加班一个月。没想到歪打正着居然被评为"优秀员工"。小刘这个月已经搬到了暖和的房子，而且工作已经理出头绪，不会太耗时间，所以不用加班了。但是自己已经有了一次很好的表现，就不能再像以前一样平庸了，所以小刘仍然坚持加班，多工作。任务量的完成让小刘充分得到了领导的信任，也获得了提升。但此后小刘仍然继续给自己增加任务量，目的是为了获得更大的提升。最后由于不能充分休息和饮食不正常，小刘住进了医院。

小刘的这种上进心是值得学习的，但是这种"死扛"的性格不值得效仿。人要根据自己的能力去做事，不要一味地追求做得多，以为这样就是最好的。一个人如果在不能保证自己身体健康的情况下去工作，也不会有好的工作效率。能力就是尽自己最大的可能，在不损害健康和其他利益的范围内能够做好事情，而不是无论自己能不能做到，都要死扛到底。

第 2 章

倾听社会的心跳，把握人生的律动

在社会中成长的年轻人，难免会被暂时的小失败、小挫折打倒。但是他们却没有想过，自己能否为了成功而改变自己。很多人在看不到希望后就此陷入绝望，从绝望中放弃，从放弃中失去自我，失去了对成功的信心。改变自己不是要你放弃自己的原则，而是让自己有更多的平台、更多的机会来实现自己的理想。

第一节　适应社会，不能指望被迁就

常常听人们说："你不能改变环境，那么就改变你自己。"其实在社会上生存就是这样，强求社会因自己的喜好而改变是不现实的，毕竟社会这个大环境是不能随着一个人的喜好而改变的。同样的道理，当自己有不顺心的事情时，就不能要求所有人陪着自己一起不高兴；当开心自己好运时，也不能阻止别人因为各种原因而痛苦。如果大的环境人们无法改变，那么最好的方法就是改变自己，适应环境。

进步都是伴随着挫折成长的

在社会中成长的年轻人，难免会被暂时的小失败、小挫折打倒。很少有人想过，自己能否为了成功而改变自己。很多人在看不到希望后就会陷入绝望，从绝望中放弃，从放弃中失去自我，失去了对成功的信心。改变自己不是要放弃自己的原则，而是使自己有更多的平台、更多的机会来实现自己的理想。改变自己不是妥协，是一种以退为进的明智选择。如果无法改变环境，唯一的方法就是改变自己。如果看到面前的阴影，别怕，那是因为背后有阳光。

日本的原一平被称为"世界最伟大的推销员"、"日本的推销之神"。其实在他年轻的时候并非事事如愿，由于家境富裕、父母的溺爱，原一平本是一个顽劣的少年，曾因为老师的教导而出刀划伤老师。这个无药可救的年轻人，因恶名昭彰而无法立足于家乡。在二十几岁的时候离开家去东京闯天下，他的第一份工作就是做推销，但是碰上了一个骗子，卷走保证金和会费就跑了。为此，原一平陷入了困境之中。

最穷的时候，他甚至没有办公桌，没有薪水，还常被老推销员当"听差"使唤。在最初成为推销员的七个月里，他连一分钱的业务也没拉到，当然也就拿不到分文的薪水。为了省钱，他只好上班不坐电车，中午不吃饭，晚上睡在公园的长凳上。一天，原一平来到一处寺庙，拜见住持。寒暄之后，他便滔滔不绝地向老和尚介绍起投保的好处来。

这位老和尚听他的介绍之后并没有投保，而是对他说："人与人之间，像这样枻对而坐的时候，一定要具备一种强烈吸引对方的魅力，如果你做不到这一点，将来就没什么前途可言了。"原一平听后哑口无言。老和尚最后说了一句："小伙子，先努力改造自己吧！"从寺庙里出来，原一平一路思索着老和尚的话，若有所悟。

此后他经常对着镜子一遍遍地对自己说改变自己，他让同事找出他的缺点和不足，并一一改变。最后他终于拿下了进入美国公司的投保保证，创下了业务记录。

笑对人生是一种生存哲学

面对生活中所发生的一切，人们总是有太多的无可奈何。现实是无法改变的，但可以微笑着去面对它，适应它。塞翁没有因为儿子捡到一匹好马而欢喜，也没有因为儿子摔断腿而悲伤，一切都靠自己去适应。很多时候，每个人所处的环境就像一座无法征服的高山，山不会自己走到眼前，那就应该换个心态自己走过去。即使再怎么累，怎么苦，所有的问题都是可以解决的。

　　当在社会上遭遇挫折时，当幸福的阳光被乌云遮挡时，不要哭泣，不要伤心，要勇敢地去面对它。命运是掌握在自己手里，而不是在别人的手里。如果所面对的环境无法改变，那就先改变自己，只有改变自己，才会最终改变别人。如果改变不了环境，就应该学会去适应，并在适应环境的过程中激发自己的能力，改造环境，获得快乐。

　　从前有个国王，在他还是王子的时候，就喜欢吃一位名叫汤米的厨师做的饭，如此二十几年过去了。在王子当上国王之后，还是一如既往地喜欢吃汤米做的饭。此时老态龙钟的汤米已经做不动饭了，就让自己的儿子杰米代替自己为国王做饭。虽然杰米从小就跟着父亲学习如何做饭，学习父亲的高超厨艺，他也有很高的厨艺，但是味道就是和父亲汤米做的不一样。

　　国王吃了一口，感觉味道变了，很不满意。但是老汤米已经老得拿不动菜刀和勺子了，国王又不能强求，于是每天吃得都很不开心，身体渐渐地瘦弱下去。国王的女儿看在眼里，急在心里。她想尽了各种各样的办法，仍然不能让国王吃下饭。看着国王每天无精打采的样子，她找来了国师塔米帮忙。

　　塔米见到国王，说："尊敬的国王陛下，老厨师汤米在家听说你吃不下饭很着急，身体渐渐地消瘦了。"国王听到了塔米的话很着急，问道："现在老厨师怎么样了？"塔米国师说："他已经奄奄一息了，不过他有话让我带给您。"国王急忙问："什么话？"塔米说："身处在百花齐放中的毛毛虫，终究会被养花人捉到踩死，但是如果它快些蜕变成美丽的蝴蝶，就能受到人们的追逐和赞誉。"国王听到后，若有所思地点点头，从此以后又开始正常吃饭了，身体也恢复了原来的强壮。

　　天下没有一成不变的事物，如果因为环境的不适应而纠结于自己，无非是自寻死路。身处陌生的环境时，能做的就是静下心来，熟悉环境。就像变色龙一样，为了保护自己，免遭袭击，使自己生存下来，根据环境改变自己。

如果一个人想要在这个社会中活得精彩，获得成功，那么要做的就是根据环境改变自己，然后适应环境，完成自己的学业、梦想。

第二节　抛弃时间的人会被社会抛出局

从小的时候起，就听大人们说："时间就是金钱，时间就是生命。"但是这么多年过来了，自己也已经长大成人，珍惜时间的观念不知在心里面还存有多少。

实际上，每个人每天的生活和工作时间中都有很多零碎的时间，比如有的人约自己来吃饭，但却因种种原因而迟到，自己只能无奈地在那里等待；坐地铁排长队，一步步地向前挪，大把的时间就这样被无情地浪费掉了。其实这些零散的时间完全可以利用起来，做一些别的事情。

时间就是金钱

很多人都觉得零散的时间其实无所谓。但每个人都应该听过"岁月不待人"这句话，每个人都明白"一日一钱，千日千钱；绳锯木断，水滴石穿"。把这些小的时间积攒起来利用，那么就是一个大的时间。明朝唐伯虎有一首《七十词》，词中这样写道："人生七十古稀，我言七十为奇。前十年幼小，后十年衰老；中间止有五十年，一半又在夜里过了。算来只有二十五年在世，受尽多少奔波烦恼。"人生短暂，要珍惜时间。商人最可贵的本领之一就是与任何人交往，都注重时间效率。如果说与人洽谈生意，能以最少的时间产生最大的效益的话，那么非比尔·盖茨莫属了。

比尔·盖茨每天上午 9 点 30 分准时进入办公室，下午 5 点回家。有的人对比尔盖茨的资本进行了计算发现："他每分钟的收入是 50 美元。"但是，比尔·盖茨认为不止这些，通常除了生意上有特别关系的人，他与人谈话一般不会超过 5 分钟。比尔·盖茨经常坐在很大的办公室里，与许多的员工一起工作，他随时指挥他的员工，按照他的计划去行事。当走进那间办公室，很容易便能见到他。但是如果没有重要的事情，他是绝对不会欢迎你的。当和他说话时，一切拐弯抹角的方式都会失败，他会以最快的速度判断出你要说什么、你的真正意图。

这些判断力都为比尔·盖茨赢得了宝贵的时间。如果有些人本来就没有什么重要的事情需要接洽，只是想找人聊聊天，因为这个原因而浪费了宝贵的工作时间，比尔·盖茨会对这种人恨之入骨。

"一寸光阴一寸金，寸金难买寸光阴。"浪费时间的人不但是可耻的，同时也是可悲的。当别人利用有限的时间而完成了不可能完成的任务，享受常人无法奢望的财富时，作为挥霍时间的人就应该认真反省自己。"时间不等人，岁月不待人。"一个能在短时间内完成超额的任务量的人是具有高效率的人，这样的人在社会上努力工作，老板怎么会不喜欢呢？当一个人学会科学地利用时间、把握时间的时候，就会发现自己的生活忽然之间变得很充实。

节省时间，尊重生命

但凡在事业上取得成功的人，都是惜时如金的人。浪费别人的时间，也是在浪费别人的生命。而懂得珍惜时间的人，是对生命的一种尊重。在现今的社会上也是这样，时间就是金钱，时间就是效益，真正务实的人，他们对时间都很吝惜，不愿意消耗自己宝贵的时间。就像鲁迅先生所说："时间就像海绵里的水，只要愿意挤，总还是有的。"

小宋是一个十分懒惰的中年男人，三十几岁了还没结婚。他每天睡觉睡到中午，虽然自己有点儿木匠的手艺，却从来都不去努力地做。老李找他去给自己家修木门。小宋就说："好的，我再睡半小时就过去。"等他醒了到了老李家，发现他家的门已经被木匠小伟修好了。到手的钱就这样没了，他很气愤。没一会儿他回家又躺在破屋子里，老张来找他制作一个木柜。小宋说："嗯，好的，我一会儿就去。"他在家又躺了五分钟，起来磨磨蹭蹭地关掉电视，拿起工具，等他磨叽了20多分钟的时候，发现老张家的活又被小伟给揽去了。

他非常愤怒，去找老张问为什么找了自己还找小伟。老张说："这个柜我着急用，儿子马上就结婚了。我听人家说小伟干活麻利，你很散漫。小伟说他抓紧时间只要4天就能做完，而你的习惯怎么也得一个多月啊！"小宋听了他这句话很懊恼，自己的手艺并不比小伟差，就是因为自己散漫，浪费时间，这样才错失了机会。为此小宋懊恼不已。

鲁迅先生从小就是一个懂得节省时间的人，曾因为自己做家务和照顾母亲而迟到，被老师批评后而在课桌上刻了一个"早"字。鲁迅还说过："浪费自己的时间，等于慢性自杀；浪费别人的时间，等于谋财害命。"在这个世界上，时间是最平等的，时间对所有人都是公正的不会根据人的贫富、地位而多给任何人时间。任何一个人只要愿意去挤时间，时间总是源源不断的。

其实在现实的生活中，浪费时间的人很普遍。当你在课堂上走神，不认真听老师讲课的时候；当你写着手上的作业，而眼睛瞄着电视剧的时候，你的心已经不在你眼前的事物上了，那么你就是在浪费时间。珍惜时间的人，才能做时间的主人。只有善于珍惜并利用时间者，才能取得胜利！

第三节　转变好角色，
处世如鱼得水

在社会的舞台上，每个人的人生都是一场戏，每个人都是一个演员。演得好就是获得奥斯卡的名角，演不好就是碌碌无为的小演员，一辈子都平凡无奇。生活中有不同的场景，需要不同的角色，生存之道就在于每个人根据环境的需要恰当地变换角色。

角色是可以转变的

社会经验有限的人看不透生活中的很多事情，明明前一天的两个人吵得死去活来，第二天居然可以在一张桌子上把酒言欢，称兄道弟。其实，人生本来就是一台精彩的戏剧，有的时候需要人根据环境的氛围演好自己的角色，如果你不会变换自己的角色。那么最终也不过是人群中碌碌无为的小演员，永远拿不到自己的"奥斯卡"，也永远成不了名角。在社会和生活工作中，要应付的人各式各样，所以只保持着一种"脸谱"是不行的。变换脸谱是各尽其用，德威并施、刚柔并用。要善于用自己这种"多变"的性格成就自己的事业。

有人曾经玩笑地说："男人就像天气预报，从来没有准的时候；女人就像天气，变脸比翻书还快。"实际上，有些年轻人在初入社会的时候，不懂得像天气那样变化，却傻得就像天气预报，明明已经下雨了，还是播报万里无云。在这个社会中，每个人都应该修炼自己的演技。这并不是狡诈、缺乏真诚，而是让自己在社会工作和学习中能够更加圆滑，以一种大家都能接受的姿态飞翔。

岳明是有名的成功者，小胡在他的身边工作学习了一年，一直在研究岳明成功的原因，并发现了一些问题。小胡是岳明的私人助理。平时在办公室的外面工作，常常能够隐隐约约地听到岳明在里面很生气地训人。这个时候小胡就会很担心，心想自己这个时候进去，一定也会被训的。过不了一会儿，岳明果然喊小胡，等小胡进去之后发现，岳明完全看不出生气的样子，喝茶，审批文件，一切都正常。有客人来了，他还是笑脸相迎；有员工进来了，他就会很严肃，连声调都充满了权威。

小胡终于明白了岳明成功的秘诀。再一想想自己，有的时候因为一件事情生气了，身边无关紧要的人都要遭殃；有的时候很开心，都会满脸堆笑，难以抑制。

可见，人在不同的境遇中会碰到不同的事情。事情的好坏不能够预测，但是如果可以积极地调好自己，根据不同的环境选择适合自己的角色。

生活中要学会"变脸"

一个人若总是和颜悦色，那么时间久了，手下的员工没有一分敬畏感；一个人若总是保持权威的姿态，那么手下的员工就没有一个敢于和他打交道。生活中，每个人必然要接触来自各个领域、各个阶层的人，这种"变脸"的功夫则是为了"秀"出圆润的自己。社会是复杂的，那么人的面部表情也应该是有所变化的。所以，没有这种"变脸"的功夫，往往难以应付社会上的各种复杂的局面。

第四节　学历并非能力，
实力操控社会

在现实中，一些高学历的人总觉得自己比那些低学历或没学历的人更优秀。在很多人来看，学历和职位应该是成正比的，高学历者理应一进入单位就被安排在某一重要的位置上，拿高额薪水。其实，学历只是一种学习经历的证明，并不能全面真实地反映出一个人的实际能力，更不能直接表现为其对企业贡献的大小。

学历只是经历的证明

学历并不等于能力，学位不等于作为。高学历低能力的人比比皆是，这是人们在实际工作中经常能遇到的事。

　　陈宇是一名工商管理硕士。这个专业毕业的硕士在人才招聘会上是香饽饽，有很多企业愿意高薪聘请他们。一家合资企业正是看中了陈宇的工商管理硕士的高学历，才给出了比一般管理人员高出一倍多的工资聘用他。

　　在一般情况下，工商管理硕士在企业只要稍加锻炼，很容易就会成为企业里的骨干。但陈宇进入企业后，在公司高层和部门主管看来，其工作能力让人大跌眼镜，有点儿出乎他们的意料。陈宇只能在协作性事务、参与性事务中发挥一些作用，而这些其他员工也能做到。如果让他独立处理一些公司事务，或独立进行一些创造性的工作，他只会把书本中的理论知识生搬硬套地用到工作上去，不晓得理论联系实际，更不能做一些变通。陈宇的这种过于教条化的工作方法，缺乏创新和拓展，让他在工作中很被动，也很吃力。

　　第一个月，尽管陈宇的成绩令公司领导感到不尽如人意，但公司领导考虑到他是新员工，各项工作能力的提升需要一段时间来磨炼，还是按照事先的约定，发给他月薪6000元。第二个月，当陈宇从财务部拿到工资单时，发现工资只有3000元。他感到非常意外，怎么无缘无故少了3000元钱呢？他感觉自己受到了"欺骗"。他要找公司董事长讨个说法。

　　带着疑惑和不满，陈宇去了董事长办公室，把工资单放到办公桌上，满腹委屈地说道："我一个堂堂工商管理硕士，拿一个普通员工的工资，我觉得有点儿不公平！你这是亵渎我的学历。"

　　听完他的话，董事长把工资单拿到手中，说道："公司的员工手册写得很清楚，有多大能力做多大的事，拿多高的工资。并没有说有多高的学历，拿多高的工资。不错，公司把你招进来，首先是看重你的学历，以为你拥有与之相称的能力。但很遗憾，公司并没有从你身上看到这一点。你应该知道，文凭只是进入职场的敲门砖，实际能力最重要。按照你现在的能力和工作成绩，只能拿到这样的薪水。"

以为有了高学位，就要享受相当高的待遇，那就错了。确实也有很多用人单位注重学历，但是高学历并不等于高能力。学历只能证明一个人的学习经历，并不能证明这个人在工作中的实际能力。

社会更重视真才实学的人

拥有高学历的人，千万不要以为有了高学历，就可以高枕无忧了。只有在单位中有所作为，为企业创造价值，才会获得企业的重用。如果老板给了2000元的工资，那么至少要为老板创造2000元以上的价值。否则，老板是不会看重自己的。

很多时候，学历与能力之间是不成正比的，有学历不一定有能力，学历高不一定能力高；无学历不一定无能力，学历低也不一定能力低。学历虽然能在应聘时为一个人提供一些机会，但是没有能力作支撑也是徒然。用人单位在招聘员工时，主要考察的就是其能力的高低。所谓的试用期，就是一个企业考察员工个人能力的过程，员工能否留下或升迁，主要由能力和作为决定。

现代企业都是务实而理智的，需要员工具有真才实学，而不是靠一纸文凭吃饭。

索尼公司的创始人盛田昭夫在总结自己的管理经验时，曾写过一本名字叫《让学历见鬼去吧》的书。书中明确提出，要把索尼的人事档案全部烧毁，以便在公司里杜绝学历上的任何歧视。在索尼公司1.7万名雇员中，科技人员有3500多人，但是有相当部分的人并不是"科班出身"。在工作中，大家不论学历高低，只论能力大小，因而使得技术和质量位于世界先进水平的新产品不断问世，且畅销全球。

日本西武集团的主席堤义明，也是一个不重视学历只重视真才实学的人。他认为，学历只是一个人受教育经历的证明，并不等于这个人有实质性的才干。西武集团实行的是凭实力来获得优质待遇和晋升高层主管的人事制度。这就是堤义明的用人哲学。西武集团中三分之二的高层职员，不仅没有可以炫耀的学历，而且都要从低微的小职员做起。西武集团没有人会拿读过什么名牌大学来夸耀自己，甚至从不提自己的学历，视文凭为"废纸"。

"发达国家，当然包括著名跨国公司，对人才标准的界定早已走出了'唯学历'、'唯学位'的误区，而主要强调'两个导向'，"著名人才问题专家沈荣华分析说，"一是能力导向。虽然要考虑人才的学历和职称，但更突出其综合能力和专业水平，从而真正做到唯才是用。因为一个人的综合素质是很难用学历体现出来的。如果一个名牌大学毕业生5年做不出成绩，就很难讲他是一个有用之才。二是业绩导向。在竞争环境中，业绩是至关重要的，因为只有业绩才能把一个人同其他竞争者区别开来。在进行人才评价时，不能仅看文凭和其毕业的大学，而要看他给社会做了哪些贡献，有何业绩。"

企业和组织需要的是能创造出业绩的员工。市场的压力和竞争的加剧，让现代企业逐步打破了唯学历是举的错误用人观念，而是将视线锁定在员工适应岗位、做出业绩的能力上。这种能力决定了企业的生存和员工的发展。在这里说"学历不等于能力，学位不等于作为"，并不是否定学历的重要性，而是强调能力比学历更重要。虽然有些单位注重学历，但最终注重的还是能力。没有高学历的人，也不要气馁。只要有能力、有作为，能为用人单位创造无可比拟的价值，那么这个人就是一个受公司欢迎的人。在现代社会，人是靠能力来说话的，而不是用学历来说话。如果一个人拥有很高的学历，这当然是一件好事。和那些学位低的人相比，这个人自然拥有更大的优势。如果再加上努力和作为，那么很有希望节节晋升。但是，如果一个人躺在高学历上睡大觉，认为学历决定一切，不注重锻炼自己的实践能力，不拼搏，不作为，那就是另外一种结果了。

第五节　抱怨社会的人终会
成为社会的弃儿

有人曾经说过："抱怨除了让自己更加生气外，没有任何作用。"抱怨只会让事情越变越糟，它不会因为一个人的不开心而变少，只会因为不高兴而增多，因为越抱怨越退步。年轻人在抱怨中固然能够得到一些疏解，但抱怨是一把"双刃剑"，在获得舒解和他人同情的同时，也会给自己带来负面的影响。

很多时候人们只注意到了别人的得意之处，却不知道在这个世界上人人都有自己的伤心处，每一个人都有自己的优缺点。所以，停止自己的抱怨，改变自己，也许今天的自己并没有像那些成功者一样优秀，但是可以努力拼搏，将来自己也能站在成功者之中。

印度有这样一个传说：孔雀向王后朱诺抱怨，说："王后陛下，我并不是无理取闹前来诉说。但是您赐给我的歌喉，没有任何一个人喜欢听。你看那小黄莺，站在高高的枝头，唱出的歌声婉转，它独占春光，出尽风头啊。"

王后朱诺听到孔雀这么说，严厉地对它说："闭嘴，嫉妒的鸟儿。你低头看看你的脖子，如一条七彩丝带。当你行走的时候，舒展美妙而华丽的羽毛出现在人们的面前，就好像色彩斑斓的珠宝。你是如此的美丽，你难道还要去嫉妒黄莺的歌声吗？和你相比，世界上没有哪一种鸟像你这样受欢迎。一只鸟怎么可能具备世界上所有的鸟的优点呢？我赐给大家不同的天赋，有的天生就高大威猛，有的像鹰一样勇敢……大家彼此相融，各司其职。所以，我奉劝你去除抱怨。不然的话，作为惩罚，你也将失去你那美丽的羽毛。"

W.戴埃在《你的误区》一书中说："抱怨、责怪徒劳无益。你可以尽情地抱怨别人，拼命地责怪他们，但对自己不会有任何帮助。抱怨的唯一作用是为自己开脱，把自己情绪的不快或消沉归咎于其他的人或事。然而，抱怨本身是一种愚蠢的行为。"

不如意都是从抱怨开始的

其实很多时候，坏的运气都是从抱怨开始的。因为发牢骚就会影响心情，不仅仅自己的工作会受到影响，同时也会影响其他的人，这个时候人际关系就会受到影响，生活也会随之越来越糟。所以少一分抱怨，多一份思考和努力，这样每个人的生活才会惬意。面对社会中的纷繁芜杂，其实没有必要去抱怨。有了困难就主动去寻求解决的方法，出现自己解决不了的问题就要虚心地向别人请教，如此而已。

也许一个人到今天还置身于不如意的环境之中，还在抱怨世界有多么的不公平、不公正。但请看看那些比自己生活的还要痛苦悲惨的人，看看他们面对命运的不公时，是如何改变自己命运的，又是如何用自己的汗水获得人生中的成功的。很多事情需要人们换位思考，当想法改变了的时候，就会明白，没有什么值得抱怨的。很多事情都是靠自己的努力慢慢改变的。

巴菲特小的时候，家里很穷。他整天和妈妈抱怨，别人家的孩子都有新衣服穿，还有很多玩具可以玩，可是自己家连房子都漏水，下雨阴天的时候，外面下大雨，屋子里下小雨。巴菲特的妈妈，决定请一个修理工来维修一下。很快，一位俊朗的修理工就来到了巴菲特的家，他的名字叫杰瑞。这位修理工杰瑞在劳动的时候，哼着小曲，十分高兴。忽然巴菲特夫人发现这位年轻的修理工走路有些不协调，于是关心地问道："杰瑞，你今天穿的鞋子不合脚吗？"杰瑞听到后，摇摇头："不是，我的一条腿是假肢。"

当听到这句话从一个年轻活力的杰瑞嘴里说出来的时候，巴菲特的妈妈十分震惊。杰瑞表现出来的开朗和乐观让她流下了眼泪。当杰瑞修完水管后，巴菲特的妈妈坚持要多给一些工钱。"谢谢您了。您看，我可以靠自己的劳动赚钱啊！"年轻的杰瑞伸出了强有力的手腕，拒绝了她的好意，并哼着小曲离开了巴菲特家。

后来巴菲特的妈妈就用这个故事教育了自己的孩子：残疾人都能够不抱怨自己的世界，我们正常人又为什么不能面对自己生活中的挫折呢？

每个人活在世上，一定也会面对艰难困苦，所有人都一样。当一个人成年之后，可能在某一天忽然发现，以前学习不如自己的同学过上了非常富裕的日子。这个时候，有的人可能就会抱怨命运的不公，没有给他机遇，其实，他只是看到了别人华美的表面。别人奋斗的时候，别人流汗的时候，他都没有看见。这样的抱怨毫无意义，不可能人人都比你弱，不可能人人都一成不变，不可能好事只让一个人占了。

想拥有的比别人更多吗？自己去做好了，何必抱怨呢？其实，有的时候命运并不是厚待了谁、偏爱了谁，只不过有的人努力，所以他走在了前面，这个时候去抱怨命运的不公，显然就有些幼稚。机会是均等的，每个人应该采取的态度只能是更好地去做，抱怨最终只是浪费时间而已。

摒弃抱怨的心态

努力改变自己，让自己不再是一个只会抱怨的人。不要把自己变成像只只知道抱怨的孔雀。在这个世界上，每个人都有自己的优点，我们的抱怨无非是别人与自己的差距，但是其实这些差距完全可以靠自己的努力拥有。与其抱怨这个世界不公平，不如自己努力拼搏，成就自己的梦想，改变那种"不公"。

在社会生活中，很难有人让自己永远是众人的焦点，作为一个平凡的人，不被重视或者被忽略是一件再正常不过的事情了。所以，当自己被忽略的时候，不要抱怨，而要让自己变得更加优秀，重新走入人们的视野。

菲菲是一家公司的职员，整天下班后都和住在一起的人抱怨：公司的薪水太低了，老板的为人太刻薄了，自己的衣服太难看了……在别人的眼里，菲菲似乎什么事情都没有满意过，她就是现实版的"怨妇"。

有一次，菲菲和同事小红说："前段时间，老板还说我工作做得很认真呢。可是今天早晨就训了我，变脸比翻书还快，像这样的领导怎么可能会有员工实心实意地为他做事呢？"这句话恰巧被一旁过来的领导听到了，于是便接过话茬说道："你怎么不说说你自己以前是怎么工作的，现在是怎么工作的？年轻人这样浮躁，夸奖一句就能把尾巴翘到天上去，爬得太高，摔下来会更疼。"

听到了领导的声音，菲菲立即红了脸。同事小红也立即拿着文件去工作了。领导很生气地继续说："菲菲，不要总是说我作为老板怎样，先让我看看你是不是像你说的那样好。如果是，证明给我看；如果不是，就滚蛋。"菲菲流下眼泪，第二天就辞职了。

很多年轻人都想让自己受到重用，不被他人忽略，但是自己却没有被重视的资格，也从来不会让自己努力得更加优秀，使自己在别人的眼里值得被重视。那么，就不要总是抱怨生活对自己如何的不公平，别人对自己如何的不公正。

用眼睛好好地看看这个社会，就会发现很多才华横溢的失业者，对自己原来的工作总是有那么多的抱怨，怪环境不好，怪老总有眼无珠。因为这些抱怨让他们对自己的工作逐步地失去重心，结果导致工作的效率越来越低，自己在抱怨中不断地退步。当细心观察那些成功人士的时候，就会发现，他们很少抱怨，因为他们都明白一个道理，那就是抱怨如同诅咒，越抱怨越退步。

第六节　顺势而为，借势而上，造势而动

在如今的社会上，一个人如果想要让自己过得好，就必须懂得如何"顺势"，如何"借势，造势"。一个人在社会上，倘若能够得到贵人的相助，就会少走很多的弯路，成功之路也会走得更顺利。一个人想要发挥自己的才智，有所成就，在某些时候，借助别人的"梯子"很有必要。其实很多看上去毫不相干的事情，只要动一动脑筋，就会有大的文章可以做。

要懂得借势而为

很多人之所以会成功，原因在于其懂得顺势而为，借势而上，造势而动。想要巧妙地借到"势"，就必须懂得抓住对方的心理，并能使对方认识到对方的共同利益。要善于制造"共同""一起"的氛围，只有找到"势"，利用"势"，才能够驾驭"势"，最后达到事半功倍的效果。一个人的思维和能力是有限的，所以才要借助外力的"资源"，以此来实现单打独斗很难实现的目标。

《荀子·劝学》中有这样一句话："君子生非异也，善假于物也。"说的就是人要善于借助别人，来扩大自己的视野，增加自己的度量，延长自己的生命。

有一个饭店的老板，因为生意不好，几十年的祖业眼看就要毁在自己的手上了。他非常苦恼，思考过后将自己的店重新装修了一下，并用特色服务来吸引客人。可是仍然不见起色。就在他准备关门停业的时候，忽然间看到有个卖臭豆腐的从店门前走过。他看到牌子上写着"莫闻味"，路上的很多人都望着那个臭豆腐的牌子指指点点。饭店的老板突然想出了一个办法。

第二天他带着他做的饭菜去了当地很有声望的"画家张"那里，画家张当时正忙于作画，没时间理会他，就顺嘴说了句："很好，很好。"他立即跑回店里挂上了牌子，上面写着："连画家张都赞不绝口'很好，很好'的面，你还犹豫什么？"结果不到三天，他家店的门都快被挤破了。

过了几天，他感觉面的生意做得差不多了，于是又新研究了一种炒饭，仍然跑到画家张那里，让他品尝。画家张有了上次的教训，想趁机奚落他一番，于是拿起筷子，吃了一口，急忙吐出来说："这碗饭太难吃了，我从来没吃过这么难吃的饭。"饭店老板端着炒饭回去，立即又挂上牌子，上面写着："本店最新推出让画家张都难以下咽的炒饭，他声称自己从没吃过这样难吃的炒饭，那么你吃过吗？"结果人们出于好奇，都想知道画家张不愿意吃的炒饭到底难吃到什么程度，纷纷点餐尝试，结果他的店又火了一把。

第三次，饭店的老板又推出一系列的菜式，拿给画家张品尝。画家张有了前两次的教训，直接闭口不言，不理不睬。而且只顾画自己的画，就当没有这些菜的存在。饭店老板回去以后，立即又挂出牌子："现本店推出画家张都难以下结论的菜式，欢迎吃客品尝。"结果他的店再一次火爆得险被挤破门。

故事中的这位饭店老板就是成功地运用了别人的"势"，借着画家张的巨大影响力和几次不同的评价，成功地将自己的饭店经营得红火起来。其实借势需要人们以非凡眼光去甄别发现，积极地把握，并及时地根据"势"来提高自己的知名度，为自己迅速扭转局面。借势需要有善借的本领，还要敢于冒险。

狐假虎威的智慧

在动物界中，狐狸是很善于借势用势的动物，人们都说狐狸狡猾，其实不如说狐狸很聪明。像"狐假虎威"的故事就是如此，凭借着老虎的威严来抬高自己的声望，狐狸的聪明和懂得"顺势而为，借势而上，造势而动"不得不让人们钦佩，所以学习狐狸的聪明和狡猾是很有必要的。脚踏实地地在社会上行走固然很稳，但是如果有机会一展拳脚，为何要退缩呢？

网络红人罗玉凤，人称"凤姐"，因其一系列"雷人"的言论在网上走红。她在上海地铁站发过成千上万份的征婚传单，也曾在电视台情感类节目上公布七条极为苛刻的征婚条件。因怪诞言行层出不穷、开出令人咋舌的高标准征婚条件，罗玉凤一"炮"而红，引起各路媒体和广大网民的关注，被网友戏称为"宇宙无敌超级第一自信"。她取代了芙蓉姐姐而成为新一代的网络红人。

而沉寂下去的芙蓉姐姐则懂得借势，这点凤姐就远不如她。芙蓉姐姐参加各种电视、媒体采访，对万千网友说："凤姐干了太多伤天害理的事，这是对社会的一种不负责。"然后以自己减肥后的照片在网络上疯狂上传，以至于最后成为"新一代励志女神"。

学会借助他人的力量，既是一种智慧，同时也是一门技巧。借助各种力量来提高自己的知名度，提高自己的办事效率，这其实也是一种被社会认可的方式，同时也是值得人们学习和研究的学问。凡是能够使人在做事和为人上增添光彩的，都可以拿过来作为借助的"势"。比如诸葛亮借东风火烧曹营，借七擒孟获来收服人心、安定边疆。

借势就是让很多优势的因素组成联盟，共同去面对劣势，让一切劣势瞬间消失，使不可能的事情成为可能。所以在社会上借势不可缺少，也许今天遇到了一个老板就成了自己的"势"，明天就会遇到了一个可以让自己尽快实现梦想的机会。只要不伤害别人的利益，年轻人就应该抓住机会，勇往直前。

第 3 章

大胜当知修内，读懂社会内涵

社会就是一片大的沙漠，每个进入社会的人，和即将要进来的人都必须要走过沙漠这片艰难的旅途。但谁都清楚，能与沙漠抗衡的勇士非骆驼莫属，有些人虽然不是骆驼，但是他把自己变成骆驼，他不断地改正自己的不足，增强自身的价值，所以他行走在社会这片大沙漠上，既不会饿死，也不会渴死。但是有些人就好比一匹瘦弱的马，在沙漠中行走，如果中途没有足够的养料和水，没过多久他就放弃了。所以，初入社会的年轻人想要立足社会，就要增强自己的自身储备。

第一节 比运气更重要的是
自己的准备

　　为什么骆驼能够在沙漠中穿行自如，而且能够成为沙漠中的主要交通工具，其原因在于骆驼本身。骆驼的胃里有水囊，能贮存很多水；骆驼的两座高高的驼峰，可储存100多千克脂肪，必要时可以转变成水和能量，维持骆驼的生命活动。因此，骆驼在沙漠里可以一连三四十天不吃不喝，适于长途跋涉。

　　如果说社会是一片大的沙漠，那么每个进入社会的人和即将要进来的人都必须要走过沙漠这片艰难的旅途。有些人虽然不是骆驼，但是他把自己变成骆驼，不断地修正自己的不足，增强自身的价值，所以他行走在社会这片大沙漠上，既不会饿死，也不会渴死。有些人则好比一匹瘦弱的马，在沙漠中行走，如果中途没有足够的养料和水，没过多久就放弃了。所以，年轻人想要立足社会，就要增强自身储备。

储备行走社会的能量

　　小杨是一个非常肥胖的男生，在大学读书的时候，唯一的爱好就是上网。他没日没夜地玩游戏，结果过了一段时间，自己的颈椎和眼睛就出现了问题。他在课堂上课的时候和大家抱怨，说自己运气不好，那么多上网的人，就自己得了颈椎病而且还近视了。后来小杨参加专升本考试，自己没考上，听别人说每年的题都很简单，唯独今年的题稍微难一点儿。他知道了这个消息就开始感叹："大家都是一样的命运啊，我的要更惨一些。"后来他又喜欢上了班里的一名女生，结果又被人家给拒绝了。

他伤心欲绝，觉得老天处处和他作对。这个时候他的好兄弟王磊得了癌症，并住进了医院。小杨去看王磊的时候说："我们怎么都这么惨呢？太点背了。"然后把自己的遭遇一股脑地都和王磊说了。王磊听了他的叙述后，说："你得颈椎病而别人没得的原因，是你因为没日没夜地玩。你没考上而别人考上了，是因为别人在复习准备考试，你在玩游戏。你喜欢女生却被拒绝，是因为你同时追求两个女生。"小杨听了他的话后，惭愧地低下了头。

很多长辈都会用这样一句话教育年轻人：不要总是说别人怎么样，先看看自己到底怎么样。也就是说别看收获的时候自己收得多少，而要想想自己耕耘的时候，自己种了多少。社会上流行一句俗语："点背不能怨社会。"很多时候，运气不好是因为自身的储备不足，自己做得不到位而造成的，努力让自己的"内存"变大，当遇到事情的时候，就可以随时拿出来应对，也就不会手忙脚乱，疲于应对了。

三思而后行，有备而无患

在社会上想要成就自己，不提升自己是不行的。面对自身的种种不足，要勇于改变自己。想要改变世界，很难；想要改变自己，比较容易。遇到问题的时候，不莽撞行事非常重要，凡事总是要三思而后行。不断地提高自己的内在储备，那么遇到专业性的问题，自己就能对答如流；做事要严守时间，那么就不会因为迟到赶不上火车，或者丢失工作。如果能凡事先做好准备，那么当问题出现的时候，必然有备无患。

　　纽约的一家公司被一家法国的公司兼并了。公司新总裁一上任，就宣布了一个决定：公司所有员工都要进行法语测试，只有测试合格者才能留用。决定一宣布，几乎所有的人都着急了，纷纷涌向图书馆。他们这时才意识到，不学习法语不行了。可是，有一位员工却若无其事，仍然像平常一样，下班以后就直接回家。同事们还以为他已经准备放弃这份工作了。但令所有人想不到的是，考试结果一公布，这个在大家眼中选择放弃的人，却得了最高分。尽管这名员工来公司时间不长，但他还是被公司列为第一批留用员工了。原来，在大学刚毕业来到这个公司后，这名员工就发现公司的法国客户很多。但自己又不会法语，每次与客户的往来邮件或合同文本都要公司的翻译帮忙；有时翻译不在或顾不上时，自己的工作只能被迫停止。因此，他想，法语在这个单位很有用，是工作的一个基本条件，迟早要把法语作为考核和雇用员工的一个重要条件。于是，他早早就开始了自学法语。这次考试取得最高成绩，就是他提前学习的回报，是他早有准备的结果。

　　有句话说："未雨绸缪，是事业成功的基础。"只要做好充分的准备，成功就是一种必然。做好准备才能拥抱成功，准备不是挂在嘴上的口号，不是深埋心中的种子；做好准备需要人们付出巨大的努力，正所谓"一分耕耘，一分收获"。不耕耘，就不会有收获。耕耘就是收获的准备。成功者必经过艰辛与汗水之路，而这漫漫长路正是为成功做好的充分准备。

　　只要每个人细心想一想就会明白，机会永远都是眷顾那些有准备的人。而好的运气也会经常眷顾那些努力的人，其实所谓的"点背"无非是自身条件限制太多。自己总是轻视那些看起来比较容易忽略的事情，所以问题才会随之而来。也正是因为自身的不努力，给了坏运气有机可乘的机会。

第二节　完美可以追求，
但不可苛求

　　世界上本来就没有完美无缺的人或事。中国有一句古训："人无完人，金无足赤。"但是在现实生活中，无数的人却不止一次地犯着同样的错—过分追求完美。他们常常在生活中寻找完美之人，不仅是对自己的各个方面要求完美，也要求别人是完美的。正是由于陷入这种误区，使得很多人错失良机，失去友情、爱情，失去自我，以至于改变了对世界、生活的看法。

完美本身是一种错误的认识

　　在社会中，有太多人喜欢追求完美。但是，先哲告诫我们："人可以追求完美，但是不要苛求完美。因为在这个世界上，本来就没有真正的完美。"所以，年轻朋友们不要事事追求完美。过于追求完美，不仅仅是一种自我折磨，也是一种无用的苛责。"希望越大，失望就越大。"这句话往往体现的是一个人在面对一件事的时候，过分地给予这件事情以期望，过分谨慎小心，反而越容易失望或出错。

　　一位未婚的先生来到一家婚姻介绍所，进入大门后，迎面见到两扇门。一扇门上写着：美丽的；另一扇门上写着：不太美丽的。于是他推开那扇"美丽的"门，迎面又见到两扇门。一扇门上写着：年轻的；另一扇门上写着：不太年轻的。他推开"年轻的"那扇门，迎面又见到两扇门。一扇门上写着：善良温柔的；另一扇上写着：不太善良温柔的。他推开"善良温柔的"那扇门，又见到两扇门。一扇门上写着：有钱的；另一扇门上写着：不太有钱的。他推开了"有钱的"那扇门……就这样一路走下去，他先后推开过美丽的、年轻的、善良温柔的、有钱的、忠诚的、勤劳的、文化程度高的、健康的、具有幽默感的九道门。当他推开最后一道门时，只见门上写着一行字："您追求得过于完美了，这里已经没有再完美的了，请您到大街上找吧。"原来他已经走到了婚介所的出口。

这个幽默的故事不只是讲婚姻，更是在讲有关完美的话题。在这个世界上，十全十美的事是不存在的。完美只是人们的努力的一个方向，却不应该成为一个人的终极追求。

人们总是对一件事物要求尽善尽美，因为这种过高的期望，总是给自己带来一些意外的创伤。古语有云："人至察则无徒，水至清则无鱼。"追求完美没有什么不好，但是过于追求完美，事情往往变得不再美。

可以追求完美，不可苛求完美

在这个世界上，追求完美的人有很多，但是追求完美的人往往自己累得筋疲力尽却没有追求到所谓的完美。美国的流行乐天王迈克尔·杰克逊就是一个追求完美的人，事事要求尽善尽美。事实上，无论是他的MV还是他魔幻般的舞步都是独一无二的，但是他的身体状况却让人担忧。过于瘦弱的他，看上去总是不太精神。其实，完美不过是人们心中一种虚幻的思想，是一种永远无法达到的精神境界罢了。

　　有一位伟大的雕刻家，致力于追求艺术的完美，以至于当他完成一座雕像时，人们几乎难以区分哪个是真人，哪个是雕像。

　　有一天，占星师告诉雕刻家，他的死亡即将来临。雕刻家非常伤心，就像所有人一样，他也想要避免死亡。他静心思索，最后想到一个方法。

　　来带走雕刻家的死神看到自己面前居然出现了 12 个一模一样的"雕刻家"。死神感到困惑，他无法相信自己的眼睛，从未发生过这种事。从没听说过上帝会创造出两个完全一样的人，他的创造总是独一无二的，所有东西都是唯一的。

　　到底怎么回事？12 个一模一样的人，他该带走哪一个呢？他只能带走一个……

　　死神无法做决定。带着困惑，他回去了。他问上帝："你到底做了什么？居然会有 12 个一模一样的人，而我要带回来的只有一个。我该如何选择？"

　　上帝微笑地把死神叫到身旁，在死神耳旁轻声说了一个方法，一个能够在"赝品"之中找出真品的方法。他给了死神一个秘密暗号，说："你去那个雕刻家藏身的房间里，说出这个暗号。"

　　死神问："真的有用吗？"

　　上帝说："别担心，你试了就知道。"

　　带着怀疑的心情，死神去了。他进了房间，往四周看了看，说："先生，一切都非常的完美，只有一件小事例外。你做得非常好，但你忘记了一点，所以仍然有个小小的瑕疵。"

　　雕刻家不由得跳出来问："什么瑕疵？"

　　死神笑着说："抓到你了。这瑕疵就是你自己，天堂都没有完美的东西，何况人间？别废话了，跟我走吧。"

通过上面这个故事可以总结出两点，雕刻家过分追求完美，才暴露

了自己的身影。其一，过分追求完美会导致惨重的代价；其二，没有绝对的完美，任何完美都是相对的。

然而，现实中还是有很多人，信奉和故事中雕刻家一样的思想，做事过分追求完美，到头来把自己搞得身心疲惫，却没取得预期的效果。比如，老板安排一个人做一项企划案，这个人查阅了大量的资料，并亲自做了市场调查，在规定的时间内完成了企划案。但他总感觉企划案不够完美，又一头陷进资料里，做了补充之后，又觉得市场可能出现变化，就又去调查市场。老板催了，他以不够完美为由，让老板宽限几日。老板又催了，他才不得不把企划案送到老板那里。这时他一脸疲态，心里忐忑不安，总怕老板批评不够完美，还在不停地为自己打气："如果再宽限几日，我还能做得更加完美。"结果，当公司准备把项目付诸实施时，却发现对手已经捷足先登，只好放弃项目。为了得到 100，结果却是 0。

苛求完美是不负责的表现

追求完美本身并没有什么错，每个人都希望自己身边的事情或者人是尽善尽美的。追求完美其实是间接的要求苛刻，对自己的不负责，同时也是对外界一切的苛刻。做事情过于追求完美，往往会消耗一些不必要的事情，为了从 99.9% 跨越到理想中的 100%，而为最终的那 0.1% 付出多出正常标准很多倍的时间、精力等资源。事情到最后的那 0.1% 最难获得，和前面根本不成比例，是得不偿失的。

瑶环是一个很优秀的女孩，但是做任何事情都要求自己尽量做到完美。完美主义者的瑶环，做什么事情都是患得患失，总是觉得自己留有遗憾，很多事情都没有发挥到极致，为此她心里感到很难过。

在一次演讲比赛中，看着前面的对手都表现得落落大方、泰然自若，瑶环的内心又开始纠结。她觉得自己一定要超越他们。当她上台的时候，她忽然间感到自己的脸有些痒，她皱了皱眉头，继续演讲。过了一会她伸手碰了一下，忽然间觉得自己在演讲中有这样的举动很不好，立即开始紧张起来，口越来越干，她的心开始剧烈地跳。想到之前那些同学的演讲都那么好，她就开始想自己的缺点。最后，她失去了演讲的勇气，无法再讲下去了。

美国作家哈罗德·斯库辛写过一篇《你不必完美》的文章，在文中，他写了这样一个故事：因为在孩子面前犯了一个错误，他感到非常内疚。他思忖自己在孩子心目中的美好形象从此被毁，怕孩子们不再爱戴他，所以他不愿意主动认错。在内心的煎熬下，他艰难地过着每一天。终于有一天，他忍不住主动向孩子们道了歉，承认了自己的错误。然后他惊喜地发现，孩子们比以前更爱他了。他由此发出感叹：人犯错误在所难免，那些经常有些错失的人往往是可爱的，没有人期待你是圣人。

一个"完美"的人，从某种意义上来说，也是一个可怜的人，他体会不到生活里有所追求、有所希冀的感觉。正因为"完美"，他也无法体会到当自己得到了一直追求的东西那种喜悦的感觉。所以，不必去羡慕完美。在生活中，不存在完美，美都是相对的。维纳斯是美的，断臂使她的美成为残缺的美，可谁又能说她不美呢？从某种意义上讲，残缺的美才是真实的、可爱的。正因其残缺，才能让人有更高的期待。"上帝是公平的，它赐予每个人以生命与死亡"，"上帝是不公平的，它赐予每个人以使人羡慕乃至嫉妒的美德，同时也赐予使人抱憾、同情、扼腕或幸灾乐祸等的种种缺陷"。所以，不必苛求完美。

每个人应该看到自己的优点，也应该接受自己的缺点，世上本来就没有完美的人。其实很多痛苦和烦恼都是自己给自己的。有的人总是在浪费大量的时间和精力试图控制一些自己本来没有或者根本不与自己相关的事物，同时却又忽视了自己应当去处理、去关照的分内的事情。

人的一生中有一件很重要的事情，那便是要明确自己的身份和位置，了解自己心里想要的是什么。做不成大树，就做一棵小草。别人是别人，自己是自己；别人的收获都不必羡慕，更不应该忌妒。了解自己的长处和优点，做真实的自己比什么都重要。不必苛求完美，属于你的，好好把握；不属于你的，别去奢求。世界上永远都没有完美存在，我们应该战胜自我，学会包容别人，允许每个人个性的存在，学会清醒地认识自我，正确地协调自我，完全地掌握自我，做一个拥有快乐和幸福的人。只要心放宽一些，对自己不去苛求，对别人也不去苛求，生活就会少了许多的烦恼。

第三节　鞋子的外观永远没有舒适重要

表面风光，实质上却是背后忧伤，这种生活并不舒适。有些人过于追求生活的表面化，却不重视内涵，结果让生活失去了应该有的意义。一个外表光鲜亮丽的人，却没有实质的内在支撑，并不能算是一个真正有魅力的人。

不要追求外在

当今社会，很多青少年朋友都过于追求外在，却忽视了实质性的内涵。同样，初入社会的年轻人由于过于注重表面，那些外表光鲜靓丽的人总能获得年轻人更多地信任；那些表面上很安全或者很正规的规章，会使年轻人轻信是好的公司。因为有了这样的想法，一些私人的皮包公司或者个人的暴利公司才会得手。年轻人流于浮夸的外表，却忽视了真正重要的地方，这不得不说是一种悲哀。

其实生活的实质和选鞋子是类似的。有的人觉得鞋子穿在脚上就一定要漂亮，但是很多鞋子的设计并不符合脚的生理构造。所以，有些看似漂亮的鞋子穿在脚上很不舒服。一个人如果脚上穿着不舒服，那么全身就会不舒服。因为不舒服，也不能行走更远的路。生活也是一样，有些人的追求就是宁愿坐在名车里哭，也坚决不坐在自行车后笑。其实这就是一种追求外表的错误的思想意识。一个人物质上的满足永远也抵不过内心的满足。

> 小王是一个公司的业务部的主管，刚刚30岁，有房有车，生活水平也不差。但是唯独缺的就是一个可以和自己生活的妻子。也许是自己太挑了，老板和经理帮小王介绍的几个女孩子都不错，但是他都不满意。小王一直都不知道自己需要的是什么，只不过总是觉得那些女人看上去不是很顺眼。
>
> 公司的销售部经理小李给小王介绍了一个刚刚大学毕业的女大学生小陶。小陶是一个90后的女孩子，年龄和小王相差悬殊，但是小陶觉得小王年轻有为，就同意了。小王看到漂亮年轻的小陶，也觉得不错，结果两个人就开始交往了。后来却出现了很多的问题，小陶是一个被父母娇惯的女孩子，不喜欢打扫房间，衣服总是乱放。平时，即使工作再怎么忙，小陶都希望小王能够给自己做饭、洗衣服。这让小王感觉到自己太疲惫了。于是两个人就开始闹分手。
>
> 小李介绍了这两个人相亲自然也不希望他们分手。结果在劝解中才发现，原来小王当初只是看中小陶长得漂亮，外表很好而已，并没有深入地了解她的内在。在交往之后，才知道小陶平时除了喜欢看电影就是逛街买衣服，其他什么爱好都没有了。两个人也没有什么共同的话题。

外表美是短暂的，时间一久，青春逝去，就变成了鸡皮鹤发，哪还有美貌的存在？从另一角度来看，一个人就算有神的鼻子，但嗅不到世间人情味，那就不美；有一对最美的眼，但看不透世间善恶，亦不算美；有圆滑细致的面颊，但领悟不出生命的意义，更不是美。

表面现象会干扰你的判断

看人注重外表而忽略实质是很多人都容易犯的错误，社会中的年轻朋友更是容易忽视人的内在。在社会中成长锻炼的时候，很多年轻人经常会被一些挂名的人或者有着一堆头衔的人所折服，看那些西装革履的人，却往往看不到他们的本质。很多年轻人容易犯的错误就是看重外表，只要外表上看上去很好，其他的就都没有关系。对于人，只要是有名气地位，无论对自己有没有帮助，都没有问题。因为这样，结果往往对自己什么帮助都没有。

张颖是一个没有社会经验的大学生，在人才市场寻找工作机会，她一直想找一个自己满意的工作。忽然间，她看到了一个穿着正式、长相儒雅的人正打着招聘教师的牌子，张颖高兴地过去主动打招呼，并介绍自己。对方让张颖填写了简历，并和她介绍了自己学校的情况，希望张颖在第二天带上自己的毕业证和相关的证件，来参加复试。

第二天，张颖复试也成功了。对方称毕业证这样的证件需要邮寄到总部核实后才能签正式合同，这样张颖就和对方签了试用合同。张颖在这家学校教书，发现这里的一切都还很正规，每天都正常打卡上班，然后打卡下班。和所有传说中的正规单位都一样。只不过自己的毕业证领导一直都没有提过。问了几次，都说在路上邮寄着。

张颖教了几个月的课，发现自己并不适合做教师，于是，他和领导提出自己不想做教师了，想要离开。领导让她写一份离职申请，然后把毕业证给邮回来。结果到了离职的日期，校长就不承认有毕业证这回事，也没有给张颖这几个月上班的工资，说她违反了合同，应该扣除工资。此时张颖才明白，自己被骗了，都怪自己当时只看外表，没有仔细思考这所家学校的其他条件和实质。这就是一个重要的教训。

看人如果只是看外表，受骗的概率会很大。因为任何一个人的脸上都没写着"我是坏人"。好人的脸上也没有做标记，这需要人们透过现象看本质。生活中的很多事情都是这样，外观首先进入人们的视野，局限了年轻人的思维，扰乱年轻人的思考，这个时候就很容易做出错误的选择。所以，无论是对人还是对事，都不要只注重外表，而应该透过现象看本质。外表的舒适和风光往往都是敷衍，背地里的丑恶和凄凉才是害人的东西。

第四节　人生不会重演，社会没有彩排

俗话说："开弓没有回头箭。"人生没有回头路，做选择的时候应该慎之又慎。很多年轻人都知道脚下的路有千条万条，但却只能够选择一条。输一盘棋可以重来，写错了字可以用橡皮擦去，然后重新写，但是人生的路上没有橡皮擦，也无法再重新走。所以，人生之路不能随意地选择，不同的选择将导致不同的命运，老祖宗说："一失足成千古恨，再回首已是百年身。"人生就是"一步走错，满盘皆输"。

后悔不如调整

在开始选择的时候，没有人能确定自己走的路是对是错。但是当很多人意识到自己走错的时候，不是立即调整自己的方向，而是停顿下来，悔不当初，甚至有的人继续走下去。人生只售单程票，一旦发现自己上错了车，需要做的就是赶紧下车，然后去寻找正确的那一辆，继续向前走。要接受自己的失误，不要后悔，更不要因此而踟蹰不前。当然，人生是没有后悔药卖的，一旦发现自己错了，要做的是调整，而不是后悔。

年轻朋友一定要谨记，无论做任何事情，都不要让自己仅仅是停留在悔悟上。如果觉得自己真的做错了，就大胆地改正过来。在社会上，每个人都有犯错的时候，关键是在发现自己犯了错误之后所采取的行动。每个人的人生只有一次，不要为了一些不值得困扰内心的情绪而影响了自己，既然坐在人生的这辆列车上，就需要将头转向窗外，看一看那些属于自己的风景。

收敛自己的欲望

一个人的人生无论怎样，都要坚持自己做选择。然后不断地反省，自己现在走的路对不对，人生是为自己而活的，每个人都有权利把握好自己的这段时光，不要总是坐在生命的这段列车里看着别人的一举一动而忘记了看看窗外的风景，到站的时候，别人的脑袋里装的都是不同的风土人情，而自己的脑袋里始终装着的都是一路上别人的嬉笑怒骂。

第五节　心之所想，
就要力之所及

现实生活中，很多人的梦想都被残酷的现实狠狠一击。年轻人有着太多太多关于未来的幻想，可是奋斗了一年或者两年，梦想也只是做梦。一个心中怀有信念的人，必然是一个精神饱满、自信强大的人。心中怀有信念也就是心中所想，这种看似虚无缥缈的意识，却有着不可小觑的力量。当人们心存梦想的时候，才能够有目标地前行，不迷茫。倘若无所思，只会进入妄想之中，没有明确的目标。

做人不仅仅要有心之所想，还要力之所及。心之所想的"想"是成功必不可少的前提，是成功的动力，是我们要排除外界的干扰，发挥自己潜能，挑战自我必须具备的条件。那么这种"想"则指导着我们成就不凡的人生。

想象不如实干

老子说："合抱之木，生于毫末；九层之台，起于累土；千里之行，始于足下。"荀子说："不积跬步，无以至千里；不积小流，无以成江海。"凡事要想成功，就必须从小处做起，从眼前最基本的事情做起。如果一个人心里有远大的理想，却不愿意一步一步去努力，那他永远也不会有成功的时刻。

多年以前，美国一位穷苦的牧羊人带着他两个年幼的儿子以给别人放羊来维持生计。一天他们赶着羊来到一个山坡，这时，一群大雁鸣叫着从他们头顶飞过，并很快消失在远处。牧羊人的小儿子问他的父亲："爸爸，爸爸，大雁要往哪里飞？""它们要去一个温暖的地方，在那里安家，度过寒冷的冬天。"牧羊人说。他的大儿子眨着眼睛羡慕地说："要是我们也能像大雁那样飞起来就好了，那我要飞得比大雁还要高，去天堂，看妈妈是不是在那里。"小儿子也对父亲说："做个会飞的大雁多好啊，那样就不用放羊了，可以飞到自己想去的地方。"牧羊人沉默了一下，然后对两个儿子说："只要你们想，你们也能飞起来。"两个儿子试了试，并没有飞起来。他们用怀疑的眼神看着父亲。牧羊人说："让我飞给你们看。"于是他挥动两下手臂，也没飞起来。但是牧羊人肯定地对两个儿子说："我是因为年纪大了才飞不起来，你们还小，只要不断努力，就一定能飞起来，去想去的地方。"儿子们牢牢地记住了父亲的话，并一直不断地努力，等到他们长大以后果然飞起来了，他们发明了飞机，他们就是美国的莱特兄弟。

一个人的内心中如果蕴含着一个信念，并坚持不懈地为之努力，那么，他一定会是一个成功的人。做一个心怀信念的人，那么他的梦想是不会死掉的。只要心怀信念，并且付出行动，又怎么能不会获得成功呢？行动的重要性对于成功仍然很重要，如果只是做一个空想家，不付诸行动的话，这个人就不能够获得成功。人们常说"心动不如行动"，一个只会想而不会做的人和做白日梦是没有什么差别的。

心动不如行动

假使一个人活得很无趣，没有梦想，那么这个人的人生是失败的。人们常说，"人生目标确定容易实现难"，但如果不去行动，那么连实现的可能也不会有。一个每天想着发财或者丰收的农民，如果春天都不在地里播上种，那么秋天来临的时候，土地也只能长满荒草，不会有什么收获。要知道，行动了，成功的机会就会提高；而光想不做，那将永远没有实现计划的可能。人生就有许多这样的奇迹，看似比登天还难的事，有时轻而易举就可以做到，其中的差别就在于非凡的信念。

唐朝的时候，四川的偏远山区有一个穷和尚和一个富和尚，他们都住在一个偏远的寺庙。有一天，穷和尚问富和尚："我要去南海（浙江普陀山）云游，你觉得怎么样？"富和尚很惊讶："你依靠什么去呢？"穷和尚说："我只要带一个盛水的瓶子和一个盛饭的钵就足够了。"富和尚不以为然："普陀山那么远，我已经计划了好几年要雇船沿着长江往下游走，可是始终也没找到好舵手。再说，这么远还得贮备些食物吧。你一无所有，别做白日梦了。"穷和尚没有多说，背起空空的口袋就踏上了旅程……

到了第二年，富和尚依然没有动身，穷和尚却已经从普陀山回来了。他把遇到的奇闻趣事告诉了富和尚，富和尚惭愧得羞红了脸。

常听人说："只有想不到，没有做不到。"说的就是这个道理。穷和尚的确条件不如富和尚，他的想法听起来似乎难以置信，不可思议。但是穷和尚完成了自己的梦想，不是因为他受到了富和尚的资助，而是因为他怀有必胜的信念。

很多人虽然都有心之所想，但是却很少有人能够坚持自己的心中所想，很少人会为了自己的目标坚定自己的信念，要坚定自己的信念。就要排除干扰，要在心里不断地提醒自己：我一定要坚持下去，并最终心想事成。

明代大儒王阳明曾经说过："持志如心痛。"怀有一个梦想，定下一个志向，要像对待自己的心一样，心痛就根本没有时间顾忌其他，这样才能最大限度地让自身的智慧发挥作用。成长在沙漠中的骆驼也是如此，尽管风沙不断地侵蚀，但是它依然倔强前行，向着自己心中的目标努力迈进，不让自己的梦想仅仅是想法。只要每个人坚定自己的目标，不抛弃、不放弃，就一定能够获得成功。

第六节　忙碌不是社会的主题

忙碌是现代社会中大多数人的一种生活状态。从电视上或者报纸上偶尔还会看到职场上的白领猝死的报道，或是成天在办公室里工作的人，没有成家，也没有朋友，每天眼里除了工作就是工作。每天都忙碌在理想和奋斗之中，那么理想和奋斗到底是为了什么呢？难道仅仅是为了不断地拼搏，然后劳累自己的身体，损害自己的健康吗？正所谓"身之主宰便是心"，无论身体上再怎么操劳，请一定要为自己内心填一份悠闲自得。

让内心拥有一份悠闲

倘若在忙碌的生活中不能够给自己留一份悠闲，那么人便会被烦恼和担忧所困，人生便没有快乐可言。其实忙碌的生活虽会让人身心疲惫，但是生活仍然可以充满乐趣，成为一门令身心愉快的艺术。好比一个人攀登一座高山的时候，倘若心里面只想着征服这座山，那就会疲惫不堪，但是如果自己的内心静下来，欣赏一下沿途的风光，那么人生又是一种忙而不乱的旅途。

　　丹丹是一家工作室的写手，每天都要阅读编写大批的稿件，偶尔有个周末也想如其他同事那样在公司里面加班，多赚点儿钱，多奋斗一下。但是想来想去，她还是把周末的时间安排出去，和朋友一起去滑雪。对于她来说，赚钱固然很重要，但是工作也要劳逸结合，尤其是写手这种工作，不出去见识一下世面，亲身体验一下大自然，很难写出优秀的文章来。

　　有的时候丹丹会和朋友一起去逛街。同事看到她总是问："丹丹，你不抓紧，这个月还能写完了吗？"

　　丹丹也总是笑着说："没关系，我会在平时工作的时候很努力，而且工作也不是任务，是一种生活体验中的自我升华，每一次工作都是充电，一次自我提高。"

　　有的时候稿件不能顺利通过，丹丹也会说："没事。这只能说明自己的功夫没有下到，再努力吧！"

　　更多的情况下，她还会去书店看书。无论工作有多忙，她始终把工作看成她生活中的一部分，而不是全部。丹丹也因此每天都自得其乐，没有任何烦恼。

　　每个人的内心都是一面镜子，通过生活中的反射，内心就会被反映出来。正如"智者乐水，仁者乐山"，人们从繁重的工作中走出来，将自己融入大自然的怀抱，那些长期困扰自己的身外之物，一瞬间就都会消失得无影无踪。

　　现实当中有很多人，为了所谓的功名利禄而盲目工作，想要用功名利禄来填补自己的人生。工作带来的种种压力不断地侵蚀着人们内心的安宁，让一个人的身心陷入一种莫名的慌乱之中。这个时候需要静下来，让自己的内心获得一份悠闲，这样才能把工作作为一种乐趣和享受，而不仅仅是谋取金钱和地位的工具。

少一分心机，多一分淡然

内心要做到保留一分悠闲，那么就要少一些心机，多一分淡然，少一些偏执，多一分宽容。在人生的旅途中，只有崇尚内心的简约，才能得到真正的快乐。

一味地追求名利，心就会受累。生活的节奏很快，社会也在快速地发展，应让自己的内心忙碌却不烦躁，保持本色，保持一份简约。

小李和小张是很好的朋友，都刚刚从大学毕业步入到社会。两个人以品行互勉。

小李对小张说："我们做人应该洁身自好，以后在社会上飞黄腾达，有了出路也绝不能出卖自己的本色，趋炎附势。"小张说："你说得太有道理了。巴结有钱人绝对不是君子所为，既然我们有共同的志向，我们也就一起发誓。"于是两个人都很高兴地同意了。

没到一年，两个人一起进入了一家广告公司上班。小李又重申了一下以前发过的誓言。小张说："过去我们发的誓言怎么会忘记呢？"

公司里的刘爽是赵总的表弟，很多人都巴结他，因为如果能得到赵总的赏识，就能够受到副董事的青睐，到时候年薪50万都不是问题。这对于一个月拿着3000多元钱、初次步入社会的年轻人来说，真是一个很大的诱惑。这个时候小张就已经后悔曾经和小李发过的那个誓言了，但是他真的很想结识刘爽。最后经过层层考虑，他决定尽早去拜访，不要被小李发现。

后来每次在公司里，小张都要刻意地避开小李的目光，避开刘爽的搭讪。小张很怕刘爽把事情说出来，他为此失眠了很久。

小张为了自己的利益和前途违背誓言，又为了争取小李的继续信任而极力伪装。他因为名利和金钱而使自己整天活在失信之中，内心起初全被利益和前途、金钱占满，后期又被自己的失信愧疚和担心恐惧占满，其根源还是他丢失了当初的那份悠闲之心。

其实虚名本身就没有什么意义，也毫无价值可言，努力踏实的工作才是最根本的做法。

第**4**章

品味时代旋律，紧跟社会潮流

不能适应社会，就不会被社会接受；只知适应社会，则可能被社会同化。聪明且成功的人，绝不只是顺应潮流、紧跟潮流、随波逐流，而是努力追上潮流，引领潮流。在社会中，逆流而上固然是不易的，但随波逐流的人同样毫无建树。人性和水性有极大的相通之处，做人也应当像水一样，既能屈也能伸，既要尽力适应环境的需要，也要努力通过一点一滴的长期奋斗而改变环境。只有这样，才能最终成为一个傲立潮流的成功者！

第一节　顺应潮流，却不随波逐流

年轻人眼里的赶时髦是对时尚的追捧，而尘世喧哗的现实里，虚荣、羡慕、随波逐流都是无知的表现。高尔基曾经说过一句话："一个人追求的目标越高，他的才力就发展得越快，对社会就越有益；我确信这也是一个真理。这个真理是由我的全部生活经验，即是我观察、阅读、比较和深思熟虑过的一切确定下来的。"不为潮流所动是一种精神本色，也是一种做人方法。这要求一个人既要有坚定的自我立场，又要有清晰的做人思路，这样才能有真正"自我"的生活格调，而不会为世事纷扰所困惑。

保持自己的本真

不能适应社会，就不会被社会接受；只知适应社会，则可能被社会同化。聪明而成功的人，绝不只是顺应潮流、紧跟潮流、随波逐流，而是努力追上潮流，引领潮流。

有一个人生活很不如意，总是很落魄，不得志。有人就向他推荐一位智者。

他找到智者，诉说了自己的困窘和苦恼。

智者沉思良久后，默然舀起一瓢水，问他："这水是什么形状？"

那个人摇摇头："水哪有什么形状？"

智者不答，只是把水又倒入杯子。那个人若有所悟："我知道了，水的形状像杯子！"

智者不语，再把杯中水倒入旁边的花瓶。那个人恍然大悟："我明白了，你是想通过水告诉我，社会处处像一个规则的容器，人应该像水一样，盛进什么容器就像什么形状。您的意思是要我必须适应社会啊！"

智者点头默认，轻轻提起花瓶，把水又倒入一个盛满沙土的花盆。刚才晶莹清亮的水，一下便渗入沙土，不见了。智者低身抓起一把沙土，叹道："看，水就这么消逝了！"

那个人陷入了沉默，思索，对智者的话咀嚼良久，然后高兴地说："人生就像这水一样，如果掺入的杂质像沙土一样多，超过了自身的承受力，就会突然迅速地消逝，失去自我。"

"没错！"智者捋须，转而又说："但又不完全是这样！"说完，智者走出门，那个人紧随其后。

在屋檐下，智者俯身用手在青石台阶上摸了一会儿，然后停住了。那个人也把手指伸向智者的手指所触之地，他感到那里有一个凹处。他有些不解，不知道这个本来平滑的石阶上的小窝中藏有什么玄机。

智者点拨道："每到雨天，雨水就会不停地从屋檐落下来，这个凹处就是水滴下来的结果。"

那个人终于醒悟："人生在世，经常会装入各种各样的容器，所以人应当像水一样学会适应。但是，如果容器中杂质的含量过多，超过了水的承载能力，水就会消失，所以人不能一味地只知适应社会，那样会失去自我。做人，要像这小小水滴一样，通过不懈的努力来改变这坚硬的青石板，直到冲破容器的限制和束缚！"

　　每个人都是生活在大千世界与内心两个世界里，保持内心世界的平静，保持心灵的纯洁，心态的平和，淡泊名利，才能跟上社会的脚步，活出精彩的自我。

本色引领潮流

　　在社会中，逆流而上固然是不易的，但随波逐流的人同样毫无建树。人性和水性有极大的相通之处，做人也应当像水一样，既能屈也能伸，既要尽力适应环境的需要，也要努力通过一点一滴的长期奋斗而改变环境。只有这样，才能最终成为一个傲立潮流的成功者！

　　人类的活动，无论是什么性质的活动，总会对周围的人、周围的世界产生一定的影响，也就必然会受到来自周围的评论。这些评论可能是褒扬，也可能是非难。但不论是褒扬还是非难，都有理解与不理解、公正与歪曲的成分存在。所以，对于这些评论，不能一概地接受，跟着它团团转。

　　当年高查尔斯想兴修巴拿马运河，一时间人们对这个壮举议论纷纷，褒贬不一。有人夸奖他勇敢坚毅，有人骂他异想天开。但是他对这些议论一概置之不理，只管埋头苦干。有人问他，对于那些批评有何感想时，他回答得十分恰当。他说："目前还是做我的工作要紧，至于那些批评，日后运河自会答复！"

　　运河果然如期筑成了，一时又是人声鼎沸，但现在却是众口一词地争相夸奖他了。高查尔斯自己如何做呢？他会站在第一艘试新船上，在群众的欢呼声中，通过自己亲手完成的水闸吗？他没有那样做。

　　一位前来参观揭幕典礼的英国外交官于事后写信给朋友说："高查尔斯并没有乘坐第一艘试新船，他只在克里司特北面看着船开过。后来，我们又在加东湖和米得尔看见他穿着衬衫站在水闸上，观察开关水闸的机器。船过来时，约翰·贝勒特原想对他高呼万岁，但不等他喊到第二声，他已经走开了。"高查尔斯这种不为毁誉所扰，不被潮流所动的精神和行为，既是一种高明的做人方法的体现，也是一种在精神境界里独领风骚的智者的本色。

卡耐基曾问索凡石油公司的人事部主任肯鲍·迈克，来求职的人常犯的最大错误是什么？肯鲍曾经和六万多个求职的人交谈过，还写过一本名为《谋职的六种方法》的书，所以卡耐基很期待他的答案。他回答卡耐基："来求职的人所犯的最大错误，就是不保持本色。他们不以真面目示人，不能完全地坦诚，却给你一些他以为你想要的回答。可是这个做法一点儿用都没有，因为没有人想要雇佣伪君子，就像没有人愿意收假钞票。"

每个人的个性、形象、人格都有各不相同的特色，完全没有三心二意的必要。在个人成功经验之中，保持自我的本色及用自我创造性去赢得一个新天地，是更有意义的。在好莱坞，尤其流行这种希望能做跟别人不一样的人的想法。山姆·伍德是好莱坞最知名的导演之一。他说在他启发一些年轻的演员时所碰到的最头痛的问题就是这个：要让他们保持本色，可他们都想做二流的拉娜特纳，或者是三流的克拉克·盖博。"这一套观众已经受够了，"山姆·伍德说，"最安全的做法是：要尽快丢开那些装腔作势的人。"

每个人在这个世界都是唯一的，应该为这一点庆幸，更应该尽量利用大自然所赋予自己的一切，正如一个人只能唱自己的歌，只能画自己的画；每个人只能做一个由自己的经验、自己的环境和自己的家庭所造成的那唯一的人。不论好与坏，都得自己创造一个自己的花园；不论是好是坏，都得在生命的交响乐中演奏自己的乐器；不论是好是坏，都得在生命的沙漠上数清自己走过的脚印。

卓别林开始拍电影的时候，那些电影的导演都坚持要卓别林去学当时非常有名的一个德国喜剧演员。可是卓别林直到创造出一套自己的表演方法之后，才开始成名。

鲍勃·霍伯也有相同的经验。他多年来一直在演歌舞片，结果毫无成绩，一直到他发展出自己的搞笑本领之后，才真正成名。

威尔·罗吉斯在一个杂要团里，不说话光表演抛绳技术，持续了好多年，最后才发现他在讲幽默笑话上有特殊的天分。

玛丽·玛格丽特·麦克布蕾刚刚进入广播界的时候，想做一个爱尔兰喜剧演员。结果失败了。后来她发挥了她的本色，作为一个从密苏里州来的、平凡的乡下女孩子，结果成为纽约最受欢迎的广播明星。金·奥特雷刚出道之时，想要改掉自己德州的乡音味，像个城里的绅士，自称为纽约人，结果大家都在背后耻笑他。后来，他开始弹奏五弦琴，唱他的西部歌曲，开始了自己了不起的演艺生涯，成为全世界在电影和广播两方面最有名的西部歌星。

在每一个人的成长过程中，一定会在某个时候发现，羡慕是无知的，模仿也就意味着自杀。不论好坏，每个人都必须保持本色。别人的，怕是已经形成潮流的东西，对自己来说都是没有用处的。跟随它们只会使自我消失。顺应潮流也许在短期内会有所益处，但从长远看，还是不随大流走更有前途。

第二节 要有一颗知足的心

过分自满，不如适可而止；锋芒太露，势必难保长久；金玉满堂，往往无法永远拥有；富贵而骄奢，必定自取灭亡。而功成名就，急流勇退，拥有一颗知足的心，才合乎自然法则。

在社会生活中，很多时候，人们都不愿放弃对权力与金钱的追逐，固执地不肯放下已经过去很久的往事……于是，很多人只能用生命作为代价，透支着健康与年华。然而当人们得到一些自认为很珍贵的东西时，却不知有多少与生命休戚相关的美丽像沙子一样在指间溜走，而自己却很少去思忖：掌中所握的生命的沙子，数量是非常有限的，一旦失去，便再也无法捞回来了。

不知足者无安宁

古往今来，不知有多少人因贪婪而身败名裂，甚至招致杀身之祸，驱使他们做出种种行为的动力就是不可控制的贪欲，也因他们缺少一种恬淡开朗的良好品质。

清朝初期，摄政王多尔衮为人非常贪婪，他一生为了追名逐利，争权夺势而不能自拔。

多尔衮为了皇权真可谓煞费苦心，六亲不认。他的哥哥皇太极去世后，虽然立其子福临（即顺治）为帝，但多尔衮欲篡夺皇位的野心丝毫没有消减。博尔济吉特氏为了稳住并抚慰多尔衮贪婪之心，让其子顺治帝封多尔衮为摄政王。但是这并没有使多尔衮收敛自己对皇位的贪欲。他一面在暗地里制作龙冠、龙袍，以备伺机谋篡夺位；另一面指使苏克萨哈、穆济伦等近侍策划"加封皇叔父摄政王为皇父摄政王，凡进呈本章旨意，俱书皇父摄政王"。在清朝众多的摄政、辅政王中，仅多尔衮有"皇父摄政王"的尊号与殊荣。对此，不只是当朝文武诸臣大惑不解，就连友邦也深感费解，引起一些议论与猜测，乃至朝鲜国王说："实际上就是两个皇帝了。"

多尔衮随着手中权力的剧增，贪婪的胃口也日益增大。极尽追名逐利之能事，把福临之所以能登上皇位的功劳持为己有，把各王公在入主中原前后的战功也尽归于己。

由于多尔衮贪得无厌、利欲熏心，依仗权势恣意横行，使得天人共怒。正所谓利深祸速，多尔衮去世不足半月，顺治帝就大肆施以夺权之举：先命手下大学士等朝臣闯进摄政王府悉缴信符之类悉入内库；继而又派吏部侍郎索洪等人把赏功册夺回大内；在把多尔衮十数款罪状公布于世之后，就"将伊母子并妻所得封典，悉行追夺。诏令削爵，财产入官，平毁墓葬"。

贪婪自私的人目光如豆，只看得见眼前的利益，看不见身边隐藏的危机，也看不见自己生活的方向。就如多尔衮，贪欲过多永不知足，结果死后也不得安宁。人如果贪欲越多，往往是生活在日益加剧的痛苦中，一旦欲望获得满足，他们仍然会失去正确的人生目标，陷入对蝇头小利的追逐；还有一些人好贪小便宜，却因此而吃了大亏，这就是所谓的"知足之人永不穷，不知足之人永不富"。

在这个世界上，大多是那些懂得知足常乐的人生活得更为幸福。这是因为一个具有开朗热情性格的人通常在生活中懂得知足常乐、平淡是福，能够笑看输赢得失，当放则放。

有了一颗知足的心，人才会有真正的宁静、真正的喜悦、真正的幸福。知足常乐是一种与世无争而又安于平凡的心境，也是一种不经意间的幸福。

知足可以理解为：别人的钱比自己多，不嫉妒，钱少可以俭朴点、量入为出；别人有花园洋房、名牌时装，不羡慕，房小可以安排得紧凑点，照样收拾得窗明几净，衣服穿不起名牌，青衣布衫也舒适；别人吃山珍海味，不眼馋，粗茶淡饭也照样吃得健康结实，并且同样香甜。

常乐可以理解为：有一位爱自己的配偶，也许是一个普通的人，没有权钱与容貌，但有一份真挚的爱情比什么都珍贵；有一份糊口的工作，虽然薪水不高，但能维持日常生活，想想也欣慰；还有孩子，也许学习成绩平平，但身体健康、活泼可爱……这些难道说不都是乐事吗？实际上，仔细想想，就会发现身边的乐事数也数不清。这是多数人的一种最实际的生活状态。

用知足收获快乐

真正的喜悦不是每天都追求到了什么，而是每天都怀有一颗满足的心去愉快地生活。满足的秘诀在于知道如何享受自己所有的，并能驱除自己能力之外的物欲。既然"遍地黄金"的日子还没有到来，既然大家都是普通人，那么其他的就显得无足轻重，还是脚踏实地、安心地过自己纯粹真实的生活。

如果能闭上眼睛想想自己的生活，就会发现自己拥有的其实很多。但假如一个人不懂得珍惜已经拥有的东西，那得到的再多又有什么意义？

从前有一个樵夫，靠每天上山砍柴为生，日复一日地过着平凡的日子。

有一天，樵夫跟往常一样上山去砍柴，在路上捡到一只受伤的银鸟。银鸟全身包裹着闪闪发光的银色羽毛。樵夫欣喜地说："啊！我一辈子从来没有看过这么漂亮的鸟！"于是把银鸟带回家，细心替银鸟疗伤。

在疗伤的日子里，银鸟每天唱歌给樵夫听，樵夫过着快乐的日子。

有一天，有个人看到樵夫的银鸟，便告诉樵夫，他看过金鸟，金鸟比银鸟漂亮上千倍，而且歌也唱得比银鸟更好听。

樵夫想，原来还有金鸟啊！

从此，樵夫每天只想着金鸟，也不再仔细聆听银鸟清脆的歌声，日子越来越不快乐。

一天，樵夫坐在门外，望着金黄的夕阳，想着金鸟到底有多美。此时，银鸟的伤已经康复，准备离去。银鸟飞到樵夫的身旁，最后一次唱歌给樵夫听。樵夫听完，只是感慨地说："你的羽毛虽然很漂亮，但是比不上金鸟的美丽；你的歌声虽然好听，但是比不上金鸟的动听。"

银鸟唱完歌，在樵夫身旁绕了3圈告别，向金黄的夕阳飞去。

樵夫望着银鸟，突然发现银鸟在夕阳的照射下，变成了美丽的金鸟。梦寐以求的金鸟，就在那里！只是，金鸟已经飞走了，飞得远远的，再也不会回来。

人往往在不知不觉之中成了故事中的樵夫，自己却不知道，不知道原来"金鸟"就在自己身边。有的人总是过多地考虑自己的利害得失，结果总是跟在成功者的后面跑来跑去，两手空空地走完了自己的一生。知足者则能够认识到无止境的痛苦和欲望。倘若人太贪婪了，欲望太强了，而其自身的能力又有限，这样必然会导致自己没有好下场。

越是拒绝现状中可以令你满意的事物，自己的不满就会持续得越久。自己愈不满，就愈沮丧。与其埋怨你目前的处境，倒不如珍惜自己目前所拥有的一切，愉快地生活。

"知足者常乐"，这是人们通常说服自己求得心理平衡的道理，也是修身的原则之一。老子也说："知足之足，常足矣。"

知足是快乐的重要条件。著名心理学家多易居说：佛家早就看出，人类不快乐的最大原因是欲望得不到满足与期望不得实现。而美国文化培养出来的普拉格则详细区分"欲望"与"期望"。他说："虽然欲望也许有时会影响快乐，却是美好人生不可缺少和无法消除的成分；期望则是另一回事，例如，我们期望健康，但得付出代价。"

第三节　学习进取的人才
不会被社会抛弃

社会是在不断地发展变化之中，而人也在不断地进步和完善之中。知识是唯一可以让自己跟上时代步伐的武器。所以，每个人都应让学习成为习惯，坚持不懈地学习，让自己不断地进步。当然，学习是有选择性的，在学习时必须懂得"吸取精华，剔除糟粕"的道理。

知识是最好的宝藏

"足行万里书万卷，尝拟雄心胜丈夫"，这是清朝乾嘉年间女科学家王贞仪的一句名言。王贞仪出身于封建士大夫家庭，从小就酷爱各类书籍，经常作诗绘画，还学会了琴、棋、骑、射。更令人惊美的是她对天文、地理、数学、气象学等也有着浓厚的兴趣。她鄙视并反对封建社会对妇女的歧视和压在妇女头上的种种礼教。她不习女红，却经常手不释卷地攻读科学书籍，经常把自己关在屋子里，废寝忘食地做科学试验。

一个农历十五的夜晚，王贞仪正端坐在闺房中读书，手里捧着清初著名学者梅文鼎所著的《筹算原本》细细地品卖，苦苦地思索。突然，远处依稀传来了锣鼓声，有人在呼喊着什么。接着门外传来一阵急促的脚步声，妹妹气喘吁吁地跑进屋里。"姐姐，姐姐，天狗吃月亮了，快去看！"说完，拉着王贞仪就往屋外走。

这是一个月朗星稀的夜晚，凉风习习，院子里洒满了月色的清辉。王贞仪抬头一看，只见一轮满月出现了一个缺口，并且缺口越变越大。

"真的是天狗吃掉了月亮吗？"妹妹带着稚气问道。像是回答妹妹问话似的，远处的锣鼓又骤然敲响了，伴随着锣鼓声，是人们的大声呼喊："天狗吃月亮了！天狗吃月亮了！"

王贞仪从小就听说，只有这样敲锣打鼓、大声喊叫，才能吓跑天狗，使月亮复明。但是，最近她从书上读到，这只是一种叫"月食"的自然现象，因为地球挡在太阳和月亮中间，太阳光照射不到月亮，月亮就黯然失色了。这个道理，王贞仪也似懂非懂，不是十分清楚，怎么向妹妹解释呢？王贞仪想了想，猛然间像是有了灵感，她对妹妹说："妹妹，你等会儿。"

王贞仪跑回屋中，从家中提出一盏亮闪闪的水晶灯，领着妹妹，走到园子里的小亭子上。王贞仪决定做一次月食的实验，她把水晶灯悬挂在亭子正中梁上当太阳，把灯下的圆桌当地球，又用一面圆屏镜放在桌旁当月亮。随后，她不断地移动着三者的位置，反复摆弄，细致地观察。

约过了半个时辰，王贞仪才停下手，高兴地说："我懂了，懂了！"接着，她又重新把自己的实验演示给妹妹看，边演示边解释。妹妹歪着脑袋津津有味地听着。

后来，王贞仪把自己的实验结果写成了《月食解》一文，深刻地论述了月食发生、月食和月望及食分深浅的科学道理。同时，她改编了梅氏的《筹算原本》，更名为《筹算易知》，使其通俗易懂，便于学习。王贞仪因其过人的成就，在当时被誉为"江南最小的才女"。

王贞仪便是利用自己积累的知识来解释和发展了人类对于自然界的

认识。知识能够揭开自然界许许多多神秘的面纱，是取之不尽的宝藏。

知识让梦想转化为财富

有人问普罗泰哥拉，开坛讲学时为什么总要收取听者的酬金。普罗泰哥拉回答说："这是因为知识比无知有价值。"知识就是财富，有了知识可以创造财富，也可以换取财富。由此可见，知识就是梦想变为财富的转化器。

古时候，有一个财主非常有钱，他很喜欢解一些数学题。有一道题他想了很久，一直解不出来。后来，他得了绝症，就快要死了。可是，那道题还是没有想出答案来。

他不想死不瞑目，就命令下人贴了一张公告，说如果有人能解出那道难题，他就将他的一半财产送给那个人。村子里很快就沸沸扬扬地传开了。不一会儿，财主家就围了很多人，可大多数都是看热闹的人，他们根本就不懂该怎么解那道题。

围观的人也在议论着："哇，这么难的题，谁会解得出啊？"

"是啊，我看财主要失望了。"

半天过去了，聚集的人也越来越多了，但是还是没有一个人能解出来。就在财主快要闭上眼睛的时候，有个衣衫破旧的放牛娃挤了进来。他对财主的下人说道："我知道答案！"

仆人将他请进了财主的房间。这时，人群里又传开了，"不知是哪儿来的放牛娃？不自量力！""可能从牛儿那里得到了答案！"说完，人群里传出了嘲笑声。

过了一会儿，放牛娃出来了，脸上挂着笑容，看来他解出了答案。放牛娃因此得到了一笔巨额的财产。

为什么他能够得到这笔财富呢？因为他读过书，他凭借着自己学到的知识加上自己的聪明才智赢得了财富。可见，知识是可以换来财富的，知识在一定程度上就等同于财富。

诺贝尔是有名的化学家。他从小喜欢学习化学，长大后开始了火药的研究。凭借着以前学到的知识，他可以轻易地掌握后来学到的知识。利用知识作为理论指导，再加上他的不断试验，最终火药的配方被他研究出来了。他的火药也就成了市场上的抢手货，他也因此而成了富翁。有了知识，距离财富不远了，此时所需要做的就是运用自己的所学去指导实践。

居里夫妇也是很好的例子。他们夫妻俩是大学的高才生，毕业后致力于镭的提炼。运用所学到的知识，他们成功地提炼到了放射性元素——镭。这些镭价值连城，可以说，他们也运用自己的知识换取到了不菲的财富。说知识就是财富是一点都没有错的。

邓小平说："知识就是生产力。"而生产力是推动社会进步的决定性力量。科技发达的国家生产力更高，生产力高的国家经济就更发达，人民更富强。当今世界，愈来愈多的人认识到了知识的重要性。家庭条件差的，省吃俭用也要送孩子读书；条件好的，就会绞尽脑汁为孩子创造学习机会，送孩子去更好的学校，让孩子出国深造。这些都是人们在认识到知识的重要性后做出的选择。

市场竞争就是知识的竞争，也就是人才的竞争。特别是在当今中国，人才市场供大于求的严酷形势下，年轻人要想拥有称心如意的工作，更要加强自己的学习。

没有走上工作岗位的人要努力学习，为将来择业做好准备；有工作的人也不能放松学习，因为自己停滞的时候，他人却正在进步，一旦自己跟不上公司发展的脚步就会面临失业。

所以，每个人都要牢记知识就是财富这个道理，时刻保持学习的势头，永远都不要落后，不要被时代所抛弃。

第四节　低调做人，成熟做事

历史教训告诉人们，居功自傲：太过于锋芒毕露不会有好的下场。一个人要懂得时时地反省自己，并能够洞察周围的事物。刚刚步入社会的年轻人一定要知道这个宝贵的处事原则，不要自视甚高。低调做人、潜心做事是一种智慧的处事原则。这条处事原则会能在社会生活中很好地保护自己，并有机会一飞冲天。三国时的李康曾经说过："木秀于林，风必摧之；堆出于岸，流必湍之；行高于人，众必非之。"这句话就是在讲，如果一个人不学会"韬光养晦"，实在是难成大器。

别把自己太当回事

古人早就指出安身立命的功夫："内要伶俐，外要痴呆。聪明逞尽，惹祸招灾。能让终有益，忍气免伤财。"聪明的人潜心做事，外表平静而不张扬。其实无非就是不要把自己太当回事，因为只有这样才不会产生自满心理，才能不断地充实、圆满自己，缔造完善人生。要懂得，"才"大不可气粗，居功不可自傲。

小亮和娇娇都是计算机专业刚刚毕业的大学生，在大学期间，小亮的计算机成绩非常好，在计算机系里很是出风头，而娇娇则是一名不显山露水的学生。大学毕业后，两人一起进入了一家公司。小亮的档案袋里装满了荣誉，他也经常在公司里面讲自己在校园里有多么的厉害。而娇娇则是低头默然，忙着自己的工作。

过了几个月，公司老板拿来了一个被黑客入侵过的软件。小亮自告奋勇地提出公司自己是解决黑客的高手，在校园里的时候，自己也是专门对付黑客的。结果老板从他们这一组中选出几个人，共同来面对这个黑客。起初大家在一起研究，小亮则一个人在一旁，偷偷地把自己的拦截程序植入电脑中。没过两分钟，整个公司的电脑居然都被"黑"了。大家都处于紧张之中，小亮的额头上泛起了阵阵的冷汗。

大家都你看我无言，我看你不语，老板也着急了。这个时候在一旁的娇娇径直地朝入侵的主电脑走过去，把自己的u盘插入主机里，然后输入了一些解锁程序，只听见几声噼里啪啦的打字声，没过一会儿，大家的电脑又重新亮了起来，主电脑显示病毒已被彻底地清除了。这时办公室里响起了一阵的掌声。娇娇什么都没有说，只是微笑，然后又再一次地回到了自己的岗位上继续工作。而一旁的小亮则涨红了脸。

心态上的低调不代表什么都要低调。做事，要潜心地去做，要能够证明自己的能力，得到他人的认可。不能放过任何一个小的细节，只有将成功之路的基础打好了，未来的路才更好走。要知道在这个社会中，"山外青山楼外楼"，山外有山，天外有天。有能力的人很多，不能有一点小才华或者小成就沾沾自喜；要懂得"枪打出头鸟"，要懂得脚踏实地地努力工作，才能够获得成功。

低调是自我保护，在与人相处中，低调做人，低调处世，才会更好地生存和发展，才能更有效地保护自己。

从前，有一个游手好闲的年轻人，名叫祥子，喜欢表面上日行一善并且满天下的宣传。他逢人便说："我就是大慈大悲的祥子，你前几天捡到的钱，其实是我放在那的。"或者见到人就说：

"我就是大善人祥子，前几天你的孩子生病了，你不在，是我带他去找的大夫。"类似的话经常流传于群众之中，大家都对此表示漠然。祥子没有正经的职业，就是每天四处地宣传自己多么的厉害，多么了不起。

有一天，他又出门去宣传自己的善良。此时早饭还没有吃的他琢磨着，宣传一下自己的功绩，说不定就会趁机弄到一点儿吃的。恰巧碰到了一位老和尚。于是他忍着饥饿追上去说："大师，你能有今天，其实都是我点化的。"大师听到了他的话，不紧不慢地说："那么你现在怎么没把自己点化成大师，却还生活成这样了呢？"祥子听到这句话，顿时语塞，满面通红。

在做出了对别人有极大贡献的事之后居功自傲的人，往往都不会有什么好下场，所以为人处事要低调，也要中庸。做人要低调，也要能方能圆；做事要中庸，也要能进能退。年轻人没有经历过的事情很多，所以经常会因为不懂而遭到挫折。人生旅途中困难太多，在社会中生存，总有太多的意想不到。要想成功就得低调做人，潜心做事，还要克服自身的不足。

生存的优势其实在于明明是一个挖石头的，却让人误以为自己是一个做钻石的。就像有个笑话，一个人看到了多年不见的班花，被问自己在做什么。他回答："昨天给中石油下了单子，今天签订了与电信的合约，明天还要去谈一个与联通苹果三方的合作方案。"而他的老婆出来点题回答道："其实就是加个油，装个宽带，买个手机。"做人要低调一点，免得闹笑话，既丢了脸面，又难以下台，这无异于作茧自缚。

很多人都有嫉妒心理，就是见不得别人比自己过得好，有这种心理的人在社会上有很多。而年轻人步入社会，想要生活得好就要懂得为人处世应低调，不要过分地炫耀自己的好。当所有的人都没有钱吃饭的时候，某个人却在众人面前大肆消费，然后浪费，不用说这个人一定会成为所有人的敌人。"木秀于林，风必摧之"和"枪打出头鸟"是一个道理。有些人做什么事情都一定要宣告天下，生怕别人不知道自己有多幸福，这种人一定会遭到他人的嫉妒，进而遭遇挫折。

克制自己的炫耀行为

一个人在人群中过于显露自己，将自己暴露于众目睽睽之下，这与鱼肉置于砧板上的道理是一样的，他人想要怎样的都可以。正所谓"财大不可气粗，居功不可自傲"。这就是生存的原则。打个比方，假如自己在挖一块石头，自己却偏偏向别人显摆自己在挖一块钻石，那么结果是即使真的没有钻石，那块普通石头也不会剩下。聪明的人低调做人，成熟做事，外表平静而不张扬，要记住，任何值得开心的事情都是内心可以激昂，行为上却应该收敛。

胡夏是一个能力很强的年轻人，在一家IT电子行业的公司上班。有一次，领导助理刘洋为了能够让领导开心，将自己的创意安装在办公室的门口。因为那天是领导的生日，刘洋非常希望自己的创意能够让领导喜欢，并此后能够更加重视自己。当领导来的时候，门口的灯依次地亮了起来，拼成了生日快乐。领导很高兴，夸了刘洋几句，刘洋很得意。这个时候只听"砰"的一声，室内变黑了，办公室的上方飞出了几个像萤火虫一样的亮光，随即一闪一闪，然后出现了"胡夏祝领导生日快乐"的字样，然后室内的灯突然亮了，胡夏手捧蛋糕站在了领导的眼前。

领导显然被胡夏的创意吸引了，意味深长地拍拍胡夏的肩膀说："小胡很有前途，这个创意不错。"显然胡夏变成了主角，而原本一心准备的刘洋则被冷落到一旁。刘洋于是怀恨在心，此后的工作中多次为难胡夏，最后胡夏忍受不了，离开了公司，也结束了自己的一段很不愉快的工作经历。

社会经验丰富的人都懂得这样一个道：锋芒太露容易没饭吃。真正身怀绝技的人通常都是深藏不露，绝对不会到处炫耀，而是等待最佳的时机一鸣惊人。一个不懂得隐藏自己光芒的年轻人，注定要忍受万箭穿身的疼痛。一个准备有所作为的年轻人，想要在社会上闯出自己的一片天地，那么必要的时候就得低调一些。低调的目的是积累自己的实力，等待自己的羽翼丰满，然后一飞冲天。

在社会中生存，必须具备优秀的能力和人品，但是若想在社会中安稳生活，那么就不要让自己的优秀遭到他人的妒忌，学会隐藏自己的优秀。一个初入社会的年轻人必须知道，有才华和能力是一个人成功的基础，但是如果过于炫耀自己而压制了别人的表现空间，也就是损害了他人的利益，必然会招致众人的忌恨。一个人走到了这一步，很容易受到他人的牵制而举步维艰。

第五节　坚定的目标是最靠谱的路标

有目标的人生不迷茫

刚刚步入社会的年轻人必须为自己设定一个目标，也许在校园里，目标就是保证学习成绩。但是在社会中就不同了。有的人希望自己在三年之内能够有所提升，做到部门经理，有的人则希望自己能够年薪五十万，找个自己喜欢的人成家立业。每个人都应该有自己的目标，因为有了目标的人生才不迷茫。

　　成功的人生是需要规划的，人生不能没有目标。步入社会的年轻人必须要有自己的人生目标，否则就犹如在没有灯塔的大海上航行，迷失自己的方向。没有理想和目标而活着的人，每天劳累之极却不知自己为什么如此困顿，长此以往，将失去对生活的勇气。法国现实主义作家罗曼·罗兰曾说："人生最可怕的事情，就是没有明确的目标。"这就犹如身在一片伸手不见五指的漆黑环境中，没有灯的照耀，只能凭借着感觉，一步步地摸索，寻找门的方向。

　　　一群人参加爬山寻找宝藏的探险游戏。这群人被分成了三组，每一组都有一个向导。第一组人没有被告知需要找一个什么样的宝藏，也没有告诉基本路线，他们只需要跟着向导走就行了。走了四五千米，仍不见向导停下，也不知道所谓的宝藏到底是一个什么样的东西，没到一个小时，就有人主动放弃，情绪低落地要退出。第二组人跟着向导走，知道宝藏的样子，但是具体在哪个地方却不清楚。他们走着走着就去打听。走了很久，向导说就在前面了，大家簇拥而至；可是走了很久之后向导继续说，就快到了，结果每个人都身心疲惫，情绪异常低落。第三组人同样跟着向导，但是人手一份地图，并且对宝藏的样子十分了解，同时也知道宝藏在地图的哪个位置。他们边走边在地图上做标记，然后大声地哼着歌，庆祝自己离宝藏越来越接近，大家一点儿都没有感觉到疲劳，反而情绪高涨，很快大家就都找到了宝藏的所在地。

　　当人们有目标的时候，他奋斗的行动就可以拿来和目标相互对照，看看自己距离目标还有多少的差距，时刻清楚并了解自己的状况，及时地做出调整。有目标就能够让行动得到维持和加强，同时清楚自己行动的价值所在。每个人都有生活目标或理想，活着就是为了自己的理想和目标而奋斗着。

不能说自己没有生活目标，只能说自己的目标还没有定义，或是说目标不明显。每个人的目标都不相同，意义深浅也不同，有的人想成就一番事业，他就会以这为目标而生活；有的人想让亲人朋友爱人能健康幸福，这也是一种生活目标，只是较为平淡。

从前有一个胖子和瘦子，两个人举行独木桥比赛。刚刚比赛的时候，瘦子心想："我的耐力比胖子好很多，而且他太胖了，说不定会掉下去，我一定会赢的。"然后瘦子低着头看着脚下的圆木，慢慢地一点点移动，并逐步加快了速度。而此时胖子就倒霉得很了，由于太胖，肚皮很肥，他根本看不到脚下的圆木，所以他只能抬起头盯着终点的那块红布，一步步移动着。

起初瘦子很快地落下了胖子一大截，他心里很高兴，哼着曲，依旧盯着脚下的圆木继续走着。可是没过一会儿胖子就赶超上来了。瘦子很着急，急忙稳定情绪，可是他感觉脚下的圆木始终都是那个样子，走了很久都没有任何变化。最后他情绪低落，一下跌坐在圆木上，他爬起来，汗珠在脸上滚滚流下。

最后胖子竟赢得了比赛。

瘦子向胖子请教秘诀。胖子说："你走路的时候看的是自己的脚，所以你感觉永远有走不完的圆木，最后就摔倒了。而我太胖、肚子大，看不到自己的脚，只能盯着终点的红布。我看到随着我的前进，离那块红布越来越近，我走得就越来越起劲，所以我赢了。"

当一个人有目标，并且朝着目标前进，目标就会向自己慢慢靠近，会因此有更大的动力。胖子的回答无疑是一个颇为哲学的道理，那就是要确立自己的目标，这样才能在行进的过程中，看到自己努力的成绩，目标就像一个路牌，在迷失的时候，为自己指明前进的方向。

制定目标对于年轻人来说尤为重要，它不仅能帮助年轻人有条理地安排学习和工作，还能帮助年轻人有序地安排事情的轻重缓急，控制自己的行为，在通往成功的路上不脱离自己的人生轨道。

有目标的人生，才不会迷失。所以制定目标一定要保证它的轻重缓急，保证这个目标切实可行。就像狼一旦确定了自己的目标，就会为这个目标努力，想尽一切办法让猎物成为口中食，所以狼很少会迷茫地去乱抓一通，它们通常很少有失手的时候。

一个人的人生没有目标，那么便没有一个切实可行的范围，就不能够合理地安排自己的事情，人生之路便可能会为此而多走很多弯路，难以达到成功。所以制定目标是年轻人航行的灯塔，如果不想在人生的大海上迷失自我，就要学会在做每一件事情之前，先确立一个目标。这样自己的前途才会无限光明。

坚持自己的目标

每一个人来到这个世界上都应该为自己的梦想拼搏，都应该为实现自己的人生价值而努力。很多人能够拥有成功，不是因为他没有失败过，而是在失败的时候，能拥有不甘心、不放弃的个性和百折不挠的精神。有句话说："强烈的欲望可以补救薄弱的意志。"的确如此，很多时候，成功靠的就是执着的信念和永不放弃的目标。

曾经有人对一百个百万富翁的性格加以分析，发现了他们一个共同的特点，那就是他们在下决心之后，就很少更改原来的主意，而很多失败的人却通常与他们相反。"有志者，事竟成。"居里夫人因执着于科学事业，置美丽、健康不顾而提炼了镭。人人都有梦想，但梦想却需要执着去成就。

名叫花艺地年轻人来到北京，目标是成就自己的文学梦想。

她在一家出版社工作了三个月，这三个月内她所有的稿件都被出版社退了回来。她开始灰心丧气，一蹶不振。花艺觉得自己有可能先天就不是这块料，决心要转行，于是就去找老板打算辞职。路上因为车多人多，花艺被堵在了一个小路口旁，旁边有一家蛋糕店。也许是甜味吸引了蚂蚁，一只蚂蚁拼命地想往玻璃墙上爬，可一次次都掉了下来，但它依然执着地往上爬。花艺看到后感慨地说："多伟大的蚂蚁，失败了毫不妥协，继续向目标前进。"花艺的眼角流下眼泪。

忽然间花艺觉得自己很惭愧，居然会有退缩、放弃的念头，难道自己连这只小蚂蚁都不如吗？于是她收起眼角的泪，收拾一下自己的情绪。"我之前的书一直不成功，那么一定是自己哪个地方有不足。应该及时地改正，然后再次投稿。"于是她推着自行车，走向了回去的路。

多数人没有达到目标是因为不能够坚持。很多人常常犯的毛病，就是不肯再试几次。虽然有些时候执着会被很多人当成是愚蠢，但是执着也常常会有惊人的表现。不妨这样想，倘若司马迁受到了宫刑以后，不坚持写《史记》，那么这个世界上也就少了一部鸿篇巨作；倘若疯狂英语的李阳，没有执着地去练习英语，相信也就没有他自己的功成名就。很多东西，或物或人，一辈子也许就经历一次，错过了就再也不会回来。倘若人心不变，苦苦追求，执着坚持，也许就会看到成功的希望。

第六节　胆大心细的人永远不会掉队

在动物界中，猫头鹰的胆子不小，它通常根据猎物移动时产生的响动，不断调整扑击方向，最后出爪，一举奏效。那么作为现实中的年轻人，如果猫头鹰就是自己，而理想和现实则是身旁的猎物，要怎么样才能抓到能使自己改变的理想和现实呢？答案是需要心细。

小细节大功力

细节的魅力是一种柔和的美，体现在默默无声当中。它没有力挽狂澜的气势，没有囊括大地的大度，却更能表现一个人的内心世界。如果现实是此岸，理想是彼岸，那么行动则是两者时间的桥梁。其实生活中很多年轻人都有自己的理想，但是碍于这种成功的欲望实现很难，总有些人不敢动手去尝试。其实成功并不是遥不可及的，只要"胆大心细"，也就是有了勇敢之心和善于谋略的头脑，还有什么是达不到的呢？

三国时期，诸葛亮因错用马谡而失掉战略要地街亭，魏将司马懿乘势引大军15万向诸葛亮所在的西城蜂拥而来。当时，诸葛亮的身边没有大将，只有一班文官，所带领的军队也有一半运粮草去了，只剩2500名士兵在城里。众人听到司马懿带兵前来的消息都大惊失色。诸葛亮登城楼观望后，对众人说："大家不要惊慌，我略用计策，便可令司马懿退兵。"

于是，诸葛亮传令，把所有的旌旗都藏起来，士兵原地不动，如果有私自外出以及大声喧哗的，立即斩首。又叫士兵把四个城门打开，每个城门前派20名扮成百姓模样士兵，洒水扫街。诸葛亮自己披上鹤氅，戴上纶巾，领着两个小书童，带上一张琴，到城上望敌楼前凭栏坐下，燃香，然后慢慢弹起琴来。

看见诸葛亮端坐在城楼上，笑容可掬，正在焚香弹琴。左面一个书童，手捧宝剑；右面有一个书童，手里拿着拂尘。城门里外，20多个百姓模样的人在低头洒扫，旁若无人。司马懿看后，疑惑不已，便来到中军，令后军充作前军，前军作后军撤退。

他的二子司马昭说："莫非是诸葛亮家中无兵，所以故意弄出这个样子来？父亲您为什么要退兵呢？"

司马懿说："诸葛亮一生谨慎，不曾冒险。现在城门大开，里面必有埋伏。我军如果进去，正好中了他们的计。还是快快撤退吧！"于是各路兵马都退了回去。

一座空城，在大兵压境的情况下，诸葛亮还能心平气和、不慌不忙、镇定自若，所弹琴声毫无杂音，反而使司马懿心生疑虑而退兵。诸葛亮步阵作战一向以谨慎而闻名，但在不得已的情况下也只能去打一场心理战。诸葛亮知道城空但心不虚，他胆大心细而自信，用自己赫赫的功绩、响当当的威名震慑住了敌人，在弹指一挥间击退了司马懿的几十万大军。现实社会中偶尔也能遇到类似的情况，事态很危急，但只要考虑到细节，敢于一试就没有办不到的事情。注重细节的人，不仅认真对待工作，将小事做细，而且注重在做事的细节中找到机会，从而使自己走向成功之路。

至广大而精细微

至广大而精细微，就是说明胆要大而心要细，在看准时机后就要勇敢地做出决定，并付诸实践。没有几个人是从风平浪静中成就伟业的，有句话说："平静的大海是造就不出成熟的水手的"。事实就是这样，在社会中所接受的动荡越大，风险越大，那么所获得的成功也就越大，拥有的机遇也就越多。年轻人必须懂得这个道理，遇到事情不要怯懦，先想想自己要怎么应付，然后认真地付诸实践。

沃兹尼亚克设计的计算机基本方案在业余小组首次展示后，立刻引起了轰动。每个人都希望拥有这样一台属于自己的计算机。

看着众人羡慕的目光，乔布斯的敏锐和细心让他知道，商机来了。他想，沃茨尼亚克设计的计算机应该可以赚到钱，如果每个小组的成员是 500 名，只要其中有 1/5 也就是 100 人愿意掏钱购买，那么每台卖 650 美元，100 台就是 65000 美元。如果每台能赚到 50 到 100 美元，那最少也能赚到 5000 美元，所以乔布斯当即决定成立自己的公司。乔布斯成立的公司离不开沃兹尼亚克，他极力地游说沃兹尼亚克生产印刷电路，并将电路板作为产品销售。

其实之前沃兹尼亚克曾试图通过惠普公司来将自己的发明发扬光大。但是惠普公司认为个人电脑计算机没有前途，个人计算机只有那些少数的计算机发烧友会感兴趣，普通大众根本就不懂。所以惠普只想做好自己的主业——打印机和复印机，不想因为一个想法而调整了自己的前途，也不想进入其他的市场。于是惠普公司拒绝了沃兹尼亚克。现在，惠普的笔记本和台式机随处可见，但是由于当时眼光不长远，惠普公司被这两个年轻人甩在后面，正是因为惠普公司缺乏两个年轻人敢想敢做、胆大心细的品质，只能称为一个跟风者。

年轻人如果有好的想法和非常强烈的创业意愿，那么就不要犹豫，大胆去做，说不定自己就能改写历史。在社会上，如果有机会并且眼光较准，自己既有胆识又有计谋，就要敢于去做，敢于去想，并能为自己的想法在付诸实践的时候，不放过一丝一毫。这样才能够获得成功，成就自己的梦想。

第 5 章

善于调整目标，抓住社会时机

人都有自己的思维方式和思想自由，不要固执己见，更不要把自己的思想强行地加在另一个人的头上。做事欠考虑、易冲动的人，更要时刻警醒自己，凡事要三思而后行。特别在感情冲动时，要立即警告自己，别光从自己的角度出发，换个角度。和别人开玩笑，不能凭自己想象，要想想对方会不会生气。在批评人时，也要想想对方会怎么想，不能光顾自己发泄。在承诺别人时，不能仅让对方满意，还要考虑一下自己能否承受得了。做到了这些，才能在社会上游刃有余。

第一节　固执己见要不得

很多人说："做人不要太认真，认真你就输了。"这句话当中的认真当较真讲。较真无非就是固执，其实这句话对于成长在社会中的年轻朋友来说非常重要。不要太较真，不要太固执。太固执的人总会对别人产生偏见，产生偏见就会认为别人无论做什么都是错的，有了这种想法的人，很难改变自己的这种偏见。

固执会阻碍一个人的认知

太固执的人不易接受新的事物，他们经常会自以为是，觉得自己的认知才是最佳的。不要把思想局限在自己的想象和不足之中，倘若不想做一个固执的人，那么就需要试着去理解别人，换个角度来思考问题。在心里一定要记着一条，那就是在不了解一个人或一样事物之前，不要妄下结论。做人也不要太固执，其实做事的道理有很多种，就像脚下的路一样，要前往一个地方，方法和道路有很多，自己需要走的是简单快速的那一条。只有把事情换个角度去思考，才能选择出最好的办法。

有个村落，因下了一场非常大的雨而发了洪水。一位老和尚在寺庙里念经，眼看着洪水已经淹到他的膝盖了。一个救生员驾着舢板来到了寺庙，对老和尚说："大师，赶快上来吧，不然洪水会把你淹死的！"和尚说："不，我深信佛祖会来救我的，你先去救别人好了。"

过了不久，洪水已经淹过和尚的胸口了，老和尚只好勉强地站在供桌上。这时，又有一个救生员开着快艇过来了，对老和尚说："大师，快上来，不然你真的会被淹死的！"老和尚说："不，我要守住我的寺院，我相信佛祖一定会来救我的，你还是先去救别人吧。"又过了一会儿，洪水已经把整个寺院淹没了，老和尚只能紧紧抓住佛塔的顶端。一架直升机缓缓地飞过来，飞行员丢下了绳梯后大叫："大师，快上来，这是最后的机会了，我们可不愿意见到你被洪水淹死！"老和尚还是意志坚定地说："不，我要守住我的寺院，佛祖一定会来救我的。你还是先去救别人好了。佛祖会与我同在的。"

洪水滚滚而来，固执的老和尚终于被淹死了。老和尚上了西天，见到佛祖后很生气地质问："佛祖啊，我终生奉献自己，战战兢兢的侍奉您，为什么你不肯救我？"佛祖说："我怎么不肯救你？第一次，我派了舢板来救你，你不要，我以为你担心舢板危险；第二次，我派了一只快艇去救你，你还是不要，第三次，我以国宾的礼仪待你，派一架直升机去救你，结果你还是不愿意接受。所以，我以为你急着要回到我的身边来，好好陪我。"

固执的人终究会败于自己的执念。心里永远放不下别人的意见，这就是固执的人的通病。因为固执而惨败的历史名人并不少，项羽因为固执，听不进去别人的意见，所以最后自刎乌江岸边。关羽也很固执，因为不听劝告，导致荆州失守，最后败走麦城，还丢掉了性命。

要学会从多角度考虑问题

做人不要死脑筋，固执就像是一座湖中的孤岛，没有通往岸边的船只。固执就像鼓瑟时胶住瑟上的弦柱，不能调节音的高低。要想在社会中更好地生存下去，固执不能有。

人都有自己的思维方式和思想自由，不要固执己见，更不要把自己的思想强行加在另一个人头上。做事欠考虑、易冲动的人，更要时刻警醒自己，凡事要三思而后行。特别在感情冲动时，要立即警告自己，别光从自己的角度出发，换个角度。和别人开玩笑，不能凭自己想象，要想想对方会不会生气。在批评人时，也要想想对方会怎么想，不能仅顾着自己发泄。在承诺别人时，不能仅让对方满意，还要考虑一下自己能否承受得了。做到了这些，才能在社会上游刃有余。

小米是一名毕业不久的大学生，是一个很有个性且有些强势的女孩子。在大学时期，小米的各科成绩都十分优异，所以她有着自己的优势和骄傲的资本。初入公司，她被分配到了设计图纸的部门上班。领导开会后，布置了3天之内上交图纸设计图的任务。公司里比小米早进公司半年的甜甜一直都是个很好相处的女孩，她担心小米会交不上任务而遭到领导的批评，于是总是暗地里偷偷地把快速完成任务的方法告诉小米。可是小米觉得总用一种方法没有新意，自己应该创新，不想采用甜甜的办法。

又过了一天，眼看着任务明天就要上交检查了，小米还在研究她的新图设计，可是，小米仍然愁眉紧锁。甜甜看在眼里，急在心里。于是她立即上前劝说："小米，按照我的做法来吧！等交完任务，有时间再继续研究吧！"小米低着头不说话，还是坚持自己的想法，这样一直坚持到了交任务的时候。

小米果然研究出来了，她很高兴地将自己的图稿设计给领导过目。领导看了看说："这个设计很明显有违常规，这么长的时间你都看不出来自己的错误设计吗？"小米被领导训了一通，惭愧地低下了头。

要想成功，就得时时刻刻想着："是不是可以换种方法，是不是可以听取一下别人的意见。"办法是人想出来的，发现这个思路行不通的时候，那就试着去换一个思路。不要钻牛角尖，更不要固执己见。把"不跳黄河不死心，不撞南墙不回头"的那份固执收起来。如果可以有更好的方法解决问题，为什么要拒绝呢？唐太宗就是一个很聪明的人，他为人就很会变通，经常听取群臣的意见，所以他的错误很少，经常能够及时地纠正自己，甚至提升自己。可见我们也要时刻提醒自己多听别人的意见。

第二节　随机应变是
社会生存法则

社会就像一个迅速旋转的风车，根据风力的不同，旋转的速度也不同。风力就像社会中的一股思潮，而旋转就是经济与政治的发展，社会也随之发生了很多的变化。那么作为社会中的一员，年轻朋友也应该根据社会的变化而变化。

曾经人们手里拿个砖头一般的电话，都觉得自己很了不起，传呼机在很长一段时间里是主要的通讯方式。但是现在，几乎已经没有人用传呼机了，砖头一般笨拙的电话也变成了智能手机。既然事物不是一成不变的，那么做任何事情也要懂得及时地进行调整。用老的规则去应对新的事物，往往很不灵验。

不懂得灵活变通的人难以适应社会

对于一些缺乏社会经验的人来说,面对瞬息万变的社会,如果不能灵活地随之改变,最终只会失败。有的人喜欢写作,可是在现实的社会,假如写作已经不能更好地立足于社会,那么就要及时调整,掌握一个更适合生存的技能。墨守成规向来不会有新的发现,社会上的很多人情世故也需要变通地来处理。死心眼的人不会灵活变通,这样的人往往遭人厌恶。

"乌鸦喝水"的故事可谓流传已久,这让大家都觉得乌鸦很聪明。乌鸦家族也为老祖宗有过这样的一件创举而感到十分骄傲,于是历代的老乌鸦都把同样的办法教给小乌鸦,这样传了许多代。

有一年,出生了一只喜欢动脑筋的小乌鸦,它游山玩水,四处飞翔,也不用心学习。老乌鸦对它的行为感到很不满意。一天,老乌鸦正在示范将石子一粒一粒地投进深瓶,使瓶子里的水面慢慢升高。可是小乌鸦却心不在焉。它想:"这样太慢了,有没有更快的办法呢?"这时老乌鸦过来严厉地教训它:"别三心二意,按照祖传的办法去做。现在不好好地学习,将来就会被渴死。"小乌鸦并没有理会老乌鸦的怒斥,而是转身离开了。一会儿它衔来了一根管子,它把管子探进瓶里,马上就喝到水了。

其他的小乌鸦看到了都欢呼雀跃,而老乌鸦则哑口无言。小乌鸦继续说道:"要灵活一些,我们长了脑袋就是用来想办法的。"

道法自然,人法变通。人活一世,生活环境不断地变化,各种事情接踵而来,因循守旧、不知变通是无论如何都行不通的。生活中有一些人总是失败,就是因为他们顽固不化、按图索骥、墨守成规,不会变通,进而把自己的道路堵死，自己寸步难行。为人处世如果不懂灵活变通，就会像一个没有生命的木头人，无论做任何事都会处处碰壁。"水随器而圆，人随水则变通。"只有做事变通而不违反常规，灵活而不违反原则，这样才能符合时代的变迁和社会的发展规律。

年轻人要敢于突破

年轻人要不断以变通的思想来要求自己，去探寻新的思路，这样才能突破原有的成就，将自己提升到另一个高度，创造出新的辉煌。在人际交往中，也应注意做到随时机变。跟君子相处平平淡淡，跟小人相处则应该保持一定距离，跟坏人相处更应该见机行事。总之，将灵活机变的策略发挥得越充分越好。

有一个国王已经老了，但是他有三个儿子，他不知道应该把王位传给哪个儿子，所以他找来了一位圣贤帮他出主意。最后国王叫来了三个儿子，并且对他们说："你们小的时候，我经常带你们去后山的寺庙拜佛，还记得路线吗？"

大王子急忙回答："记得，寺院在很陡的普华山上，并且每一次登那个梯子都要费好大的力气。"

二王子说："我也记得，还要渡过一条河，当地的渔家都说那条河深不可测。所以我们总是需要绕远才能通过那条河。"

三王子说："寺院里的老住持每次都会坐在芭蕉叶的下面给小和尚们讲经。"

国王听到他们的叙述之后，说："你们的记忆力都不错。现在你们就一起出发，去住持那里取回我放在他那的锦囊。回来之后，我就知道将我的王位传给谁了。"

于是三个王子上路了。走着走着，果然遇到了那条河，大王子和二王子都绕过去，选择走了大路。只有小王子原地不动，望着那条河，不时地向里面扔几块小石头。

大王子看到了，笑着说："三弟还是那么贪玩，国家若是交给你，国家就毁了。"

二王子也附和大王子点点头。

大王子和二王子走着走着，就见到了寺院所在的普华山。他们费力地攀登，夕阳快落山了，终于上去了。按照记忆，他们想找到住持，但在芭蕉叶下面没有见到住持。大王子就在芭蕉叶下等待。而二王子就去四处打听，终于拿到锦囊回宫。而大王子则在第二天清晨太阳升得高高的时候，才见到住持来芭蕉叶下，拿到锦囊回宫。

等他回去的时候，二王子和三王子还有国王、群臣已经在等他了，他手里握着锦囊，悄悄地坐在国王身边。

国王说："老三是第一个回来的，说说你的路线。"

三王子说："在那条河水前，我想经过了这么多年，河水应该没有那么深了。于是试着走过去，结果发现最深的地方还不到腰。蹚过河水不用上山就是老主持所在的芭蕉树下，于是就向他索要了锦囊。"

所有人听了他的话都赞叹不已，而他的两位哥哥也服气地低下头。

故事中的三王子很聪明，他了解时间已逝，河水也许就会有变化，懂得根据情况的改变而调整自己，所以他的两位哥哥惭愧自己不会灵活变通，进而输给弟弟。

明智的人使自己适应世界，而不明智的人只会坚持要世界适应自己。不懂得应对变化而变化，更不懂得根据具体的情况做出适当调整，也就是不知变通。在人类前进的历史长河中，世界日新月异，社会不断发展，实践告诉人们，无论是思想还是行为上的停滞不前，其最终结果都会被社会无情地淘汰。

第三节　处事处处留余地，
行事切莫走极端

　　俗话说："与人方便自己方便。"初入社会的年轻人一定要记得，做事情要懂得给自己留后路。世界上没有免费的午餐，只要动过刀叉，早晚都要支付这顿饭的账单。很多时候也许不过是身边的人无心的一句话、无意的一件事，都可能影响了自己的思维或者习惯，但是这样的事实也必须接受。人是不一样的，各有特色，每个人都有其厉害的地方，都有为人称羡的优点，所以不要随口对他人品头论足，首先是自己没有资格，其次也没有必要这样做。不要一竿子打死一个人，因为总有一些人对自己来说是有必要的。

机会有时是自己留出来的

　　圣贤先哲曾有训诫："处事处处留余地，行事不要走极端。"如果楚庄王为人处世不留有余地，那么历史上也不会有"绝缨宴"这个千古佳话，也许唐狡早就被处死了，楚国伐郑就不一定能胜，楚庄王的春秋大业也就不一定能够成功了。所以为人处事要懂得做适时地调整，不要不讲人情地把事情处理得极端了，行事也不要走极端，要给自己留条后路。

　　小唐是某公司的会计人员，公司年初分配了一个刚刚毕业的

大学生小周给他带。小周是学会计专业的，小唐还是很细心地教小周。小周的领悟力很强，他的工作也极其出色，得到了领导的表扬，被调往人事部。小周以为以后小唐没有机会再和自己有工作上的接触了，就想到小唐之前带自己的时候，常常受到她的训斥。小周心里很生气，每次在公司里面看到小唐，都是冷眼相对。另外，自己在公司里的地位逐渐提高了，小周就更不把小唐放在眼里了。

许多同事对于小周的这种做法都很气愤。但是小唐只是笑笑说："他会有后悔的一天，他会放下他那高傲的身段来请我的。"

大家听到了小唐的话都不明所以。果然没过多久，总部下达了命令，由于资金周转紧张的问题，需要分公司裁员，而这次的裁员中，主要是保留那些经验丰富的老骨干，新的年轻力量部分调回原职，一部分辞退。戏剧性的结果就是小周又被调回了会计部的会计职位，而经验丰富的小唐则被任命为会计部的主任。小周面对这个昔日被自己刁难的前辈，不知该如何是好。

俗话说："有了人情好办事，没有人情事不成。"天下之大，要想让别人帮助自己，那就要懂得储蓄自己的人情。怎样储蓄自己的人情，就是凡事不要太斤斤计较，对待任何人都不能怠慢。

增加自己的人情存款

一个年轻人想要在这个充满竞争的社会行得通、吃得开、站得稳，就必须要储备人情。人与人之间的相处总是要讲到情分的，人情就像存款，一个人存款越多，可以领到的钱就越多；人与人之间的相处都是相互的，一方太过于斤斤计较，毫不讲情面，那就不要指望当己方出现什么事情的时候，另一方会讲情面，手下留情。聪明的人都知道，人情是不能滥用的。欠钱可以还钱，向对方借过一百元，只需要还对方一百元，仅此而已。但是人情却不是这样，一次帮助了自己，以为还一次就没事了？要不怎么都说"人情债难还"呢。

有些人说，如今有能人事好办，钱好挣。为此，不少人喜欢动用人情来办事，也有不少人利用人际关系来挣钱。但是，人情不是取之不尽、用之不竭的，可以任自己自由地取用。人情也是有限的，这就好比银行存款一样，存得越多，可支取的钱就越多；存得越少，可支取的钱自然就越少。

人情是不能滥用的。因为存款只有那么多，如果支取的多了，超过了存入的数额，那么自己储备的人情自然就透支了。从此，人之人之间的感情便开始走向淡化，甚至情分可能从此就中断了。

小杨是刚进公司工作的新员工，但是他的脾气很固执，而且有的时候做错了事情，只要组长说他，他就会愤愤不平好几天，工作效率也会变得很低。为此公司裁员计划中，组长把小杨的表现和辞退他的建议交给了上级。

公司有个副经理的人缘非常好，人人都要给他几分面子。他被分配到小杨这个组来当组长，因为是副经理，所以小杨对他还是有些忌讳的，有什么错误都不会直接顶撞他，但是工作效率还是一如既往的差。副经理看出来小杨是一个在工作上能创造出成绩的人，所以并没有把小杨的坏脾气全盘否定。每当小杨做错事的时候，他都很含蓄地指点小杨，改变了批评他的方法。果然一年后，小杨一跃而成为公司的顶级设计师，职位甚至超越了副经理。但是副经理凡事留余地的做法让小杨非常感激。如果没有副经理的提拔，也不会有自己的今天，副经理自然也得到了小杨的回报和礼遇。

遇事和遇人都不要全盘否定，凡是留三分退路，给了对方机会，对方自然也会给自己报答，这就是储备人情的一个好方法。

如果有心，善于帮助别人，留意给人面子，多储蓄一些人情，将会获得更大的帮助、更大的面子和更多的人情。如果不管不顾，动辄就求人帮你的忙，那么随着时间的推移自己就会慢慢变成了一个不受欢迎的人。当然也有主动帮自己忙的人，但切勿认为这是天上掉下来的馅饼，若无适度地回馈，这也是一种透支，而透支是需要付出代价的。

同样，人情储蓄也不能即存即取，如果急于在这笔人情账中立刻得到回报，就犯了人情世故的大忌。在找回这笔账后既丢掉了人情和面子，也丢掉了做人的本分和进退的分寸。

第四节　察言观色才能越走越宽

人生在世，离不开三件事：说话、办事和做人。这三件事细究起来可是一门大的学问，伴随在每个人的身边，既逃脱不了，也很难处理好。

有的人觉得说话捡好听的说就行了，其实未必。明代大儒王阳明说"言不可尽善"，意思是说，说话的时候，好话说多了只会让人觉得这个人做人不够坦诚，不能真实地对待每个人。

而对于办事，有的人则认为，只要按照领导的指示，就没有什么好坏了。真的是这样吗？俗话说："说话看势头，办事看风头。"这就是告诉刚刚步入社会的年轻人，说话办事要懂得察言观色。

懂得察言观色

察言观色是一切人情往来中的基本技术。很多时候把话说好，把事办到位都会收到事半功倍的效果，那么怎样能把话说好，把事办到位呢？答案就是察言观色。不懂得如何察言观色，只是一味表达自己的人，早晚要吃大亏。通过言谈、眼神以及表情就能了解到一个人地位、性格、品质以及内心的情绪。不会察言观色，等于不知风向便去转动舵柄，弄不好还会在小风浪中翻了船。

　　小侯是刚刚毕业的大学生，步入社会后进入了一家私人学校做英语老师。校方的领导经常对老师们说："你们在这里没有社会的尔虞我诈，也没有绞尽脑汁的竞争上位，这里就是单纯、真实的环境。"这样的话让小侯信以为真。直到一次，关于"高山"这个单词的英语读音，小侯和校长之间有了不同的意见。起初校长还是据理力争地和小侯讲，但是小侯根本就没有想那么多，而是拿出了英语词典和手机的网络发音给校长正音，这让校长很难下台。校长有些不愉快，脸色忽然阴沉了下来。

　　但是小侯依旧我行我素，还是拿着词典一个音标一个音节地给校长讲。最后校长说："这里我说了算，我说念什么就念什么！"

　　小侯还是没有意识到校长真的生气了，还继续说："可是这个单词的音标读出来就是这样的啊，这个和校长你的身份没有关系啊？"

　　校长很愤怒地让小侯去上课，从此以后每次都会用一些小事来难为小侯。别的老师每次大会都会受到表扬，而小侯总会遭到批评，甚至发奖金也没有他的份。

　　小侯这个时候才明白，自己不懂得退步和察言观色让自己吃了亏，可是为时已晚。

　　在社会中，要懂得顾全对方的面子，给别人台阶下。俗话说："人活一张脸，树活一张皮。"每个人都有强烈的自尊心和虚荣心，都很在意自己的社交形象。在这种心态的支配下，如果让对方下不来台，对方就会产生超于平常的反感。相反，如果给对方足够的面子，让他下得了台阶，自己也会得到对方的感激和强烈的好感。

人与人彼此之间的尊重是相互的。俗话说："投之以桃，报之以李"、"你敬我一尺，我敬你一丈"。所以遇事待人的时候要时刻谨记，顾全他人的面子，给对方台阶下。

要给对方台阶下的前提就是要懂得察言观色，只有掌握好了察言观色的技巧，才能够做到"说话看势头，办事看风头。"那就没有什么事情是处理不好的。自己将来的路也会越走越顺，越来越好。

善听弦外之音

人们常说："六月的天，孩子的脸，说变就变。"孩子的脸变化看似迅速，实际上和大人的脸比起来还要差得很远，最重要的一点是孩子的脸变化很简单，而大人的脸色变化却有着非常微妙、复杂的意义。

小李和同事小刘住在一起。一天下班回来，小刘因为被领导批评，心情很不好，一路上一直沉默不语。但是小李却不知道，像往常一样欢声笑语，像是在表演，根本就没有注意到和平时表现不一样的小刘。

"小刘，咱们领导今天不知道批评了隔壁部门的谁，骂得好难听，好像很生气的样子。"

小刘听到小李的话，感觉他在说自己，脸立即拉得老长，闷声不答。

小李继续说："我觉得那个挨骂的人一定是一个二货，据说经常犯错误，领导都忍不了他了。"

小刘这个时候已经气得怒火中烧，眼睛狠狠地瞪着眼前的小李。

可是小李却没有在意这些，又继续说："听说他把文件交给了于总，哎！真够蠢的，大家都知道总和领导不和啊！"

小刘终于忍不了说："够了，小李！你还有完没完？"

小李听到小刘的话很疑惑地说："你这人怎么这么莫名其妙啊？你有火也没必要朝我发啊！我又没有得罪你！"

小刘的眼泪瞬间滚滚地流下来了，然后说了一句："你说的那个被领导骂的蠢货就是我！"说完就愤怒地离开了。小李站在原地，傻傻地愣在那。

直觉虽然敏感，却容易被蒙蔽，懂得如何推理和判断才是察言观色所追求的顶级技艺。此外，善听"弦外之音"是"察言"的关键所在。如果说观色犹如察看天气，那么看一个人的脸色应如"看云识天气"般，有很深的学问。每个人都喜欢懂事、善事的人，那些会做事的人并不是天生就会的，都是通过生活的经历而生。不分场合对象，胡言乱语的人到哪里都不会受到欢迎。所以一定要找好说话的时机。学习察言观色是为了能够准确地从对方的肢体或者语言中获得信息，以便于自己及时调整相应的对策，避免陷入尴尬的境地，处于被动的局面，而能够和对方建立一个良好的沟通平台。

变色龙能够根据周围的环境来改变自己皮肤的颜色，以此来趋利避害。作为人类也应该这样，要学会用智慧的头脑在社会中行走，而不是莽撞前行，懂得根据人的脸色、肢体语言来随机应变，这样自己才能在社会上的路越走越宽。

第五节　学会从放弃中看到价值

一位国学大师曾说过这样一句话："求而不得，舍而不能，得而不惜，这是人最大的悲哀。"这句话道出了许多人内心中的愁绪。人生就是这样一个有所得、有所失的过程，接受了一个人的勇猛，就必须同时容忍他的粗暴；接受一个人的智慧，就必须迁就他的狡诈。这就是舍得的含义。舍得就是舍弃和得到两个词汇组成的，既有欢喜又有忧。所以"舍得"二字囊括了人生中所有的真知。

不要有两全其美的心理

古人云："欲将取之，必固予之。"想要更好的取得，就要懂得适当的放弃。在社会这个大环境里，有太多自己想要得到、不愿舍弃的东西，但是也有太多不得不放弃的东西。就像亲情和工作，有的时候不能两全一样，"世间安得双全法，不负如来不负卿"？有的时候，会遇到为了工作要和爱人两地分居，或者是为了爱人不得不放弃眼下的工作的选择。但是无论最终的选择如何，一定要选择得有价值，放弃得有价值。

有个小女孩，她和哥哥们都想成为歌手，于是每天的在家练习唱歌。可是由于小女孩先天音域不宽，对音乐不是很擅长，最后哥哥们都成了歌手，她还只能帮哥哥们写写歌词，小女孩为此很苦恼。后来他们的音乐老师告诉小女孩，她的文辞非常丰富，可以考虑在文学上发展。但是小女孩心里想："这个世界上没有我征服不了的事情，我一定会成为歌手的。"就这样，她还是继续坚持自己的梦想，可是经过几次的艰难尝试，小女孩最终失败了。而她的哥哥们早已在歌坛大红大紫。

最后她的音乐老师对她说："你太顽固了。要知道，有时候人要懂得适当的放弃。"于是小女孩静下来思考，放弃该放弃的是无奈，放弃不该放弃的是无能；不放弃该放弃的是无知，不放弃不该放弃的是执着。她听从了老师的建议，用心写词，最后终于成为有名的作词人。

只有懂得放弃与追求的人才会活得更开心。在放弃与追求的反反复复中，人们认识了生命，懂得了生命，也更加热爱生命。人生就是在这对矛盾中前行的。

在人生前进的道路上，年轻人一定要懂得及时地调整自己的目标，一旦发现自己的目标是错的，就要果断放弃。如果只是想着自己为了这个错误的目标做了多少努力而不舍得放弃，那结果终将在这个错误的付出中再一次的重蹈覆辙，永远不能走出失败的阴影。好比爬向梯子，一步步、小心翼翼地攀爬，当汗流浃背地拂去头上因努力而留下的汗珠时，恍然发现自己的梯子搭错了墙，这个时候能做的就是下来，然后将梯子搭到对的一面墙，而不是犹豫不决、固执坚持。

"执念"会让一个人陷入瓶颈

执念就是不愿放弃，当一个人有了执念的时候就会陷入一种瓶颈之中，难以自拔。无谓的坚持不如及早地放弃。很多时候一直坚持的东西未必就如自己想的那样好。有的时候放弃并不是失去，而是一种收获回报的手段。凡事没有绝对的错与对，人也没有绝对的好与坏，有时看上去静如止水的深潭，说不定却是暗潮涌动。所以不要因为一些表面上的东西丢失了自己真正需要的，适当地放弃会让你拥有更多你真正需要的东西。

　　有一个农夫上山砍柴，他今天砍的柴特别多。在傍晚回去的路上，忽然发现天色有些阴暗，似乎要下雨了，山路很陡峭，农夫扛着重重的柴，继续艰难前行。不一会风开始刮了起来，山上一些碎石子打在他的脸上很痛；风逆向地吹，吹得他步履维艰。他感到自己筋疲力尽，但是仍然一步步艰难地走着。

　　过了一会儿，和他同来的另一位农夫扛着很少的柴从他身旁走过，步履轻盈，神态自若。那位农夫身材比他的娇小，力气也远不如他。他很不服气，加紧脚步，可是山路崎岖，风又很大，使他无法赶超。

　　巴掌大的雨点开始渐渐沥沥地落下来了，他感觉自己身上的柴重了许多，一个趔趄，他便滚在了山涧里。他艰难地爬起来，抓起柴，可是柴早就变得湿漉漉又很滑。再不快点儿下山，天马上就黑了，附近一带还有狼出没。他想了想，决定扔下部分柴，快速地跑下山。由于柴的重量变轻了，农夫很快就从雨中穿过，在天黑之前跑回了家。

　　过多的负担会使得人难以前行。这个时候需要做的就是放下负担，轻松前行。既然鱼和熊掌不可兼得，那么固执己见是没有任何作用的，不如放下一个差的，换取一个更适合自己的。放弃有的时候不是一种懦弱，而是一种智慧；不是一种妥协，而是另一种进取。恰当地放弃，是为了更好地得到。

　　古语有云："两弊相衡取其轻，两利相权取其重。"的确，人生在世，每个人都背负太多责任与欲望。若将其全部丢掉，人生将会毫无意义，但不舍弃一些，又会不堪重负。这时，放弃就会成为一种非常重要的智慧。放弃有的时候是一种趋利避害的表现，放弃就是通过舍弃一部分，或是可能会剥夺或者阻碍自己成功因素的那部分，来换取最大的成功。

第六节　改变自己，提升自己

俗语说得好："改变别人不如改变自己。"有些人常做无用功，想改变周围的人。试问一个连自己都不能改变的人，如何去改变他人呢？在此，变色龙的生存之道就值得学习。大自然中的变色龙会根据周围环境的颜色，让自己身体与之融为一体，从而趋利避害，更好地保护自己。要注意，变色龙是根据环境的变化而改变自身，而不是自己是什么颜色就要周围的环境变成与自己一致的颜色。所以年轻人步入社会必须明白一点，不要妄图去改变别人，改变自己才是最靠谱的做法。

改变自己，说着很简单，如何能够做到却很难。改变自己就是首先要知道哪些地方需要改变，这就和人们对待历史上的很多东西是一样的，取其精华，去其糟粕。人也是一样，保留自己的优点，保留自己生存本能中最好的一部分，剩下不足的地方、不好的缺点都要改变，达到尽善尽美，这样才能更好地在社会上成长。

就算是李嘉诚也只能去适应环境，然后改变自己。为了能够和环境融为一体，就需要改变自己的格格不入，让自己融入这个环境之中。改变自己就是要不断地反省，以他人的角度来评价自己，这样才能够精准。更好地认识自己，才能更大地提升自己。这个道理，每个人需要做的就是与周围的环境相辅相成。

李乐是一名管艺师，专门负责刘大老爷家的乐曲部分。在众多的管艺师中有个叫柏琴的，他喜欢在弹奏乐器的时候，单抛弦奏异曲。有几次由于他的不协调害得大家都被刘大老爷骂，还被罚了工钱，为此大家都很讨厌他。很多人都去找李乐来处理，要求把柏琴的地位降为搬乐器的仆人，柏琴听到这个消息后，很生气。

柏琴害怕自己真的被贬为搬乐器的仆人。以后再也不能弹奏乐器了，就去找李乐说情。但是李乐听到后，反而笑了笑说："柏琴，如果你在吃米饭的时候，碗中发现了一粒沙，你会怎样？"柏琴听了这句话，急忙说："如果您吃的米饭里发现一块肉呢？您还会遗弃它吗？"李乐笑了笑说："如果这个人是一位出家人呢？很显然你这块肉出现的不是很得人心，否则刘大老爷也不会不高兴。你说呢？"柏琴没有说话。李乐继续说："每个人都想保持一些本真，倘若你的本真能被大众所接受，也就罢了。但是你的与众不同却会伤害其他人，那么你就要想一想了。"

人们都说，人要活出自己来，不是为别人而活。但是倘若自己的活法严重地影响了别人的利益，并且损人不利己，那还要坚持吗？所谓改变自己，不是一味地去模仿别人，变成别人，而是把自己需要改变的地方改变，自己不需要改变的地方加以保留。无论怎样，不要妄图去改变别人，只有自己有能力做到的事情再去要求别人，"己所不欲，勿施于人"。

不要等到碰钉子的时候才知道钉子扎人也很疼，至少要有个准备。只有改变好了自己，才有可能改变别人。向一条为环境而改变的变色龙学习吧，趋利避害，融入环境而不被察觉，更好地保护自己。

第6章

拥有积极心态，应对社会竞争

如果说你还是一名没有离开校园的学生，没经历多少事情，你都可以肆无忌惮地哭闹。但是步入社会了，没有多少人会在意哭闹，遇到挫折露出的惧怕就会被视为懦弱。只有乐观地面对眼前的困境，才能不被困难吓倒；只有勇敢地挑战挫折，才能坚定信念，走向成功。在步入社会以后，遇到挫折，首先要做的就是"风雨不动安如山"。

第一节　不要给自己树敌

对于年轻人，初次步入社会就要懂得如何做一个明智的人。而做一个明智的人首选的策略就是不要为自己树敌。人们都知道一句话："即使不能成为朋友，也不要做敌人。"之所以这样说是因为敌人会对自己的发展和前途起到阻碍作用。其实对于生活中的人或者事情应该都是这样的。人们常说："多一个朋友，多条路。"在社会上如果能多一条路，成功的机会也就会更大，所以长辈告诫年轻人，不要把同事当作敌人，这既是职场人应该遵循的基本理念，也是社会生活必备的"武林秘籍"。

用欣赏的眼光去看待他人

很多人往往只记住了"害人之心不可有，防人之心不可无"的人生信条，却忽视了主动与人沟通、用欣赏的眼光去看待别人的重要守则。想要在集体中工作学习得更好、更轻松，就需要用宽容的心去接受对方的不足，同时还要建立基本的信任。不要整天黑着脸，好似阔财主，逢人便以一副世人都有求于自己的样子。开朗热情地对待周围的人，这样才能减少对方的敌对心理，与他人建立良好的合作关系。

裴斐半年前进入一家文化单位工作。对于新人来说，初入职场的第一要务便是尽快熟悉业务，搞好同事关系，以便能快速站稳脚跟。然而，初出茅庐的裴斐却一直抱着"防人之心不可无"

的处世哲学与同事相处，如果有同事主动和她说话，她就会加倍防范，认为人家是有所图谋。

有一次，与裴斐一起进公司的新人刘湘和一个同事共同策划的作品受到了领导的表扬。裴斐却觉得刘湘肯定在公司有关系，否则不可能这么快就做出业绩来。于是平时说话做事处处提防刘湘。有同事向裴斐问生活的水平，她就误以为别人是瞧不起自己，嘲笑自己穷。公司里面举行舞会，她也躲在角落里也不和大家沟通，总觉得每个人都对她不怀好意。一来二去，大家都不愿意搭理裴斐。她在办公室里成了一个边缘人，有什么集体活动都没人告诉她，遇到麻烦更是没人帮她。而她的业绩也总是倒数一两位。最后，人事经理找裴斐谈话，委婉地辞退了她。

在社会中，职场是一个复杂的大舞台。但是故事中的裴斐其失败的很大一部分原因是不良的同事关系，而不良的同事关系正是由她的敌对心理引起的。初入社会，年轻人必须从建立对人的基本信任感入手，与别人建立良好关系。首先应放下防范之心，主动与同事交流沟通。身处职场要学会将心比心，职场就像一面镜子，你给它什么，它就会还给你什么；如果你对别人微笑，别人也会对你报以笑脸；如果你敌视别人，别人也会向你投来敌视的目光。

树立良好的公众形象

在与人交往的时候，最忌讳的就是口出恶言。俗话说："良言入耳三冬暖，恶语伤人六月寒。"为了避免树敌，就要注意减少与人争吵，或者最好不要与人争吵。人们都懂得，在争吵中没有胜利者，与人争吵时占上风，即使口头胜了，但与此同时也树立了一个对自己心怀怨恨的敌人。争吵总有一定原因，总为一定的目的。如果想使问题得到解决，就决不要采取争吵的方式。争吵除了会使人结怨树敌，在公众面前破坏自己的形象外，没有丝毫的作用。

不要为自己树敌，做一个明智的人。在这个世界上，与人亲密地交往，纵使交恶断绝来往，也不可口出恶言，诽谤对方。说他人坏话，诽谤他人，对方终究会有所耳闻。对于自己一点好处也没有。我们都知道一个道理，那就是"宁愿得罪十个君子，也不要得罪一个小人"。树敌过多，不仅会使人在生活中迈不开步，而且即使是正常的工作，也会遇到种种不应有的麻烦。

在现实的社会生活中，他人有明显的谬误，作为同事或朋友最好不要直接纠正，因为这会使他认为自己在卖弄高明，以此打击他的愚蠢，同时又伤了他的自尊心。在生活中一定要记住，凡是非原则之争，要多给对方取胜的机会。这样不仅可以避免树敌，而且还可能得到他人的尊重和信任。

第二节　用亮点在社会上左右逢源

在当今这个社会中，有太多的人善于奉承，那种低三下四的嘴脸向来被人所诟病。但是在这个社会上要左右逢源，实在是一件值得思索的事情。其实在社会上，人际关系很复杂。一个有主见又有人缘的人才能取得更好的成绩。另外还要树立自己的可信度，让自己诚实的形象深入人心。但凡是那种有着优秀品质的人，往往是人们争相结交的对象。

用品质赢得社会的认可

也许有的年轻人会说："我是个新人，身份与地位都十分的卑微，那些社会上的能人凭什么能看得上我呢？"但实际上，很多人在这方面都存在一个误区，其实刚刚步入社会，并不代表自己也很有能力。所以年轻人不要用自身的背景去衡量自己的能力，而自身所有的优秀品质，才是赢得光彩的根本。

海波是刚刚步入社会的实习大学生，90后的她已经在全世界五百强的企业做得有声有色。虽然靠着自己的舅舅是人事部的经理进入公司，起初还有人抱着歧视的目光，可是没过多久，大家就坚信海波有能力，也有资本进入这家公司。由于还是没有完全毕业的大学生，即使靠着舅舅，仍然不能让人完全接受这个90后的女孩。但是海波的努力和能力让大家对这个90后刮目相待。

起初她只负责每天整理一些文件，办公室里的老员工难免会折腾这个新人，但是她也没觉得自己遭受到了什么屈辱，只是静下心来安心地做自己的事。文件很快就能完成，通常她还会帮忙其他人的工作，并认真地和其他的同事请教，慢慢地，她的热心和能力被大家所认可。90后的她很少在同事中露出自己的不快，总是每天喜悦无比的心情。公司里面的同事都很喜欢他，老总也看在眼里，把她安排到了薪酬部，并在她大学毕业后，与海波签订正式的员工合同。

什么样的人叫左右逢源？其实左右逢源就是一个中间派，不欺上瞒下，不偏人情事理。尊重别人的看法，尊重社会的游戏规则。真正左右逢源的高手一般都是虽然置身于其中，但是仍然站在自己的立场上，这样既能够获得人缘，同时也能获得事业缘，两全其美。韩愈曾说："位卑则足羞，官盛则近谀。"其实这是一种中国人的弊病。孔子都说："三人行，则必有我师焉。"要想真正在社会上学到东西，就应该放下自己的自满，完全投入到学习中来。

明白中庸的处世之道

要保持一个中立的处事原则，因为每个人所步入的社会人际关系都是很杂乱，最关键的是看准自己的位置。上有老板，下有下属；左有战友，右有同事。面对这种网状的人际格局，把握自己的立场很重要，如果想要左右逢源，就要懂得向上司多请示，多倾听他们的声音和意见，这样就会掌握正确的方向，也能知道上司的喜好。而对下属或者同事，要沟通，把事情的真相和最新状况与周围的人分享，这样可以极大表现出自己的诚意。在汇报和请示中，千万不要加入自己的判断和主观猜想，一切以尊重事实为前提，这样就能树立起一个可信，诚实而又敬业的职业形象。

著名湖南电视台主持人何炅，被众多人称为是"八面玲珑""洞庭湖的老油条"。他似乎和谁关系都特好，没有自己处不来的人。老好人的何炅在娱乐界发展的是风生水起，同时自己又身兼多职，曾许诺可以把自己的时间和北外错开，他坚决不离开大本营，在校任职的他对于自己的教师身份也划得很清，不会把自己作为娱乐主持人的形象带到学校。

一次军训时，有个男孩子的衣服扣掉了，何炅就让他脱下来，然后自己用针线将它缝好，男生情不自禁说："何老师，你真像我妈！"平时的生活中，他对自己身边的学生很是爱护，完全不会把自己明星的架子端出来。而在娱乐界，没有和他不和的明星，即使是有一哥之争的汪涵，他也能亲脸、玩笑的化险为夷。没有一个明星不佩服何炅的社交能力，何炅左右逢源的功夫都来自于他有自己坚定的立场，并有自己乐观的处事原则。而且他很善于自嘲，经常把别人讽刺他的绯闻拿出来与大家共享，用笑声回应造谣者，调侃自己，同时挽回自己的形象。

在社会上生存，不要太在意自己的身份和地位的高低，重要的是如何让自己无论身处哪个地位，都能左右逢源。其实人情世故的取舍就是左右逢源的关键。一个年轻人有自己的个性很重要，也很正常。但是倘若过于张扬，就容易遭人嫉恨。不要将自己彻底地暴露于人前，适度的圆滑和稳健不可缺少。左右逢源并不等于让周围人都说自己好，而是让自己成为周围人最信任的那个人。

当今的社会，有些人，他们左右逢源，"无往而不胜"，因为他们把握了这样一个尺度，他们对上和对下都保持着一种若即若离的关系。做一些既取悦于上司又让同事高兴或至少让他们乐于接受的事。在社会中不仅仅是要将自己手里的工作做好，同时还要乐于伸出自己的手去帮助别人。左右逢源的实质不是要做一个中间派，更重要的是有自己的立场，不要加入摩擦和战争，这样才能得到大家的认可和领导的夸赞，才能从众多人中脱颖而出。

第三节　社会瀚如海，做人当从容

如果说你还是一名没有离开校园的大学生，没经历多少事情，你都可以肆无忌惮地哭闹。但是步入社会了，没有多少人会在意哭闹，遇到挫折露出的惧怕就会被视为懦弱。只有乐观地面对眼前的困境，才能不被困难吓倒；只有勇敢地挑战挫折，才能坚定信念，走向成功。在步入社会以后，遇到挫折，首先需要做的就是"风雨不动安如山"。

从容使人泰然自若

人人都会遇到挫折，没有哪个人的人生是平坦的。但不同的是，有些人遇到了挫折，依旧能坚定信念，勇敢地走下去；而有些人则从此一蹶不振。既然挫折不可避免，何不以积极的心态去面对挫折呢？人们经常说："不经一番寒彻骨，怎得梅花扑鼻香？"如果人生中遇到了一点事就一蹶不振，那又如何能走向成功呢？做一个有耐心的人，行事冷静自持，很多事情都需要有一个从容的心态来面对，遇到困境，更是能够泰然自若。

小李是一家公司的实习职员，起初的一个月，老板分给他一个任务，要求他完成一项调查。他每天起早贪黑地忙，终于看到了一点儿苗头。就在这个时候，老板忽然给他发了一份文件，告诉他前段时间的调查停止，项目已经取消了，要他接受新的任务。小李看着这份文件，很无奈地叹了一口气，但是马上又鼓起了十分的激情，去面对新的任务。

新的任务是调研社会科学的一项建议稿。他用了一个星期的时间，终于能够明白是怎么回事，也找到了一些解决这件事的窍门。他开心极了，心想着，解决这件事后，就可以轻松一段时间，美美地休息两天。可是老板又来了电话："小李，你手上的那份研究怎么样了？"小李兴奋地说："老板，我手上的这份研究很快就好了，我已经理出头绪来了。"老板很淡定地说："小李啊，这个任务你让小姜接管吧。我有新的任务给你。"听到老板的话，小李愣在那，不知道该如何是好。有些同事说："老板凭什么啊？

到时候功劳就是人家小姜的，你还费了那么大的力气呢。"小李听了之后笑了笑说："没事，谁的功劳不要紧，只要任务能做完就可以了。"

　　他们的谈话被老板无意间听到了。老板感觉小李是一个特别踏实的人，所以就提升他为副总。

　　小李的机遇所得，就是因为他遇到事情首先不抱怨，而是积极乐观地去应对。其实挫折能考验一个人在社会上的应对能力和承受能力，如果小李也像其他员工那样，只会抱怨或者因为自己白白努力而放弃不做，那么他也就没有机会提升了。其实在社会上，很多时候每个人面临的困难很多，但是如果都能从容镇定，那么也就没有什么所谓的烦恼了。

乐观面对更从容

　　很多事情如果总是去抱怨是不会改变的。若能尽自己最大的努力去面对问题，就能在一次次挑战中战胜挫折，赢得成功。在工作中，平和、乐观的心态是最重要的。任何对客观环境的不满和怨天尤人都是无济于事的，只有以积极向上的精神去面对工作，才是解决问题的最佳方法。时刻保持乐观的心态、不争不抢的淡泊之心才是正确的态度。一味地自怨自艾、杞人忧天不是解决事情的好办法。与其愁苦地生活，倒不如乐观地面对生活。

　　苏暖成搬进了一座七层的大楼里。他住在这座七层大楼的最底层。很多人都非常不愿意住在底层，因为大家都知道底层在这座楼里环境是最差的，上面老是往下面泼污水，丢些杂七杂八的脏东西。

　　底层住的人很多都是愁眉不展，但是苏暖成却一副自得其乐的样子。很多人看到后很好奇，问："你住这样的房间，也感到高兴吗？"

"是呀！你不知道住一楼有多少妙处啊！比如，进门不用爬很高的楼梯；搬东西方便，不必花很大的劲；朋友来访容易，用不着一层楼一层楼地去叩门询问。特别让我满意的是，还可以在空地上养一丛一丛的花，种一畦一畦的菜。这些乐趣呀，数之不尽啊！"苏暖成情不自禁地说。

还没到半年，苏暖成顶楼的朋友家里有一个偏瘫的老人，上下楼很不方便。所以他就和这位朋友换了房子。可是他每天仍是快快乐乐的。有人看见了问："苏暖成，住七层楼是不是也有许多好处呀？"他回答说："是啊，好处可真不少呢！每天上下楼，这是很好的锻炼机会，有利于身体健康；光线好，看书写文章不伤眼睛；没有人在头顶干扰，白天黑夜都非常安静。"

苏格拉底曾经说过："决定一个人心情的，不是在于环境，而在于心境。"生活中的很多状况来源于自己的内心。拥有财富的人有自己的乐趣，贫苦的人也有贫苦的快乐。正是心灵决定人们想要的到底是什么。心灵就像一个道弹力墙，当把愤怒狠狠地砸向它的时候，它也往往回以狠狠的一击。

遇到事情要保持心静如水的状态，这样才能做到随缘从容。性格稳健的人不会因为一件事情而表现得过于大喜大悲，他们会将自己内心的真实感受隐藏得很好，不被人发觉，然后慢慢地调整自己，厚积薄发。人生中的事情或喜或忧，都要看得如"云淡风轻"一般，做到不怕不悔，不喜不惧。低调地处理人生事，以平和的心态来面对人生，不管面对多大的诱惑，只要不过界限，就不会累己累心。淡泊的性情是用理智去思自己所念所求，不被欲望所控制。

第四节　乐观是社会的通行证

　　保持积极乐观的心态是人生中最宝贵的一笔财富。积极的心态能使一个懦夫成为英雄，从心志柔弱变为意志坚强。

　　随着现今社会的发展，越来越多的人劳累于工作，烦心于家庭琐事，更多的人为了追求金钱、地位、权利，让本真的快乐渐渐地消失在记忆中；很多人抱怨社会的不公，把贫富之间的差距归结于上帝的偏见。其实很多时候，是因为自己迷失了原属于自己的快乐，并不存在什么上帝的偏见和社会的不公。

做人要有好心态

　　年轻人步入社会都会遇到很多的困难。假如是一个乐观的人，他会感激苦难，因为它使自己又多了一次锻炼的机会；而在一个悲观的人眼里，他会为此而苦恼，总觉得自己命途多舛，自己是天神遗弃下来的苦行僧。

　　有句话说："当上帝为你关上了一扇窗的时候，他其实同时为你开了一扇门。"很多时候，这些看上去的困难都来自于人们的内心。中国的盲人歌手萧煌奇就是一个很好的例子，如他的歌曲中唱到的那样，"是不是上帝在我眼前遮住了帘，忘了掀开……"也许上帝真的为他遮住了视觉上的那一扇帘，但是同时也为他打开了他能歌善唱的一道大门。中国好声音学员张玉霞也同样是盲人街头卖艺歌手，但是通过自己的努力，也像萧煌奇一样，出自己的专辑，实现自己做歌手的梦想。

有两个年轻人去一家公司应聘职位。第一个年轻人在途中看到了死人出殡，他心里想："'出师未捷身先死'，此次的面试一定不会顺利。"走着走着，又看到了天上飞过了一架白色的飞机。他心里又继续想："白飞机，白费劲。"这样想着心里面一下灰暗了许多，决定调头不去参加面试了。

第二个年轻人和他遇到了同样的状况。见到死人出殡，他心里想："旧的已去，新的即来。说明我的新生活要开始了。"看到了白色的飞机飞过头顶，他想："高空中的白飞机，高中啊！"于是便加快了脚步去往面试的公司。

半路上他遇到了第一个年轻人，看到他愁眉不展地走向回去的路，便上去问其缘由。第一个年轻人并没有告诉他原因。于是第二个年轻人便拉着第一个年轻人一起去面试。第一个年轻人非常不情愿。他们在那参加面试，一个小时后，第二位年轻人果然成功地被录取，而第一个年轻人，由于状态不佳，没有被选中，于是抱怨自己途中看到的东西给自己带来了霉运。第二个年轻人听到后很诧异地说自己也遇到同样的事情，只是不应该那样解释。两个人交换了想法后都沉默不语了。

在生活中，很多时候都需要人们拥有一个好的心态，一个乐观的心态对于实现人生的理想有很大的帮助。还有另外一个例子：两位同是医院的患者，其中有一位得了癌症，而另一位患者只是普通的肺病，结果由于化验单两个人拿错了，导致普通肺病的病人以为自己得了癌症而抑郁而亡，得了癌症的患者以为自己只是普通的肺病，积极地配合医院的治疗，病情得到明显的好转和改善。一个人的心态很重要，保持积极乐观的心态，才能够生活得更好，获得更多的成功。

乐观成就未来

中国的女明星范冰冰，也许很多人对她是褒贬不一，但不能否认范冰冰真的为自己成为国际影星而做的努力。当她面对诋毁和谩骂的时候，她的一句话让很多人不得不重新审视范冰冰，她说："我能承受多大的诋毁，我就能承受多大的赞美。"的确，范冰冰乐观的心态就注定了她在娱乐圈里能够如日中天。相比较之下，同样是影星的某位韩国艺人，居然因为压力和生活中的不顺而自杀。

小陶是一家物流公司的文员，但是进入公司后，经理总给她分配文员以外的工作。她是一名90后刚刚毕业的大学生，很活泼开朗。经理分配的任务每次都能很好地完成，平时小陶负责联系运货公司，送货和运货之间的疏导工作。这份工作本来就不属于文员的范围之内，而且经理也没有另外给她多加薪水。

一次，小陶仍然按照每次的要求和步骤，将货发往运输公司。可是这一次却出现了意外，货物在运输途中，80多万元的货物遇到了骗子公司，一夜间所有的联系和信息跟踪都断了。小陶急得不成样子，自己每个月拿着3000元钱的工资，却要担待这样大的责任，她觉得公司会把这件事完全压在自己的身上，80多万元的损失都会让自己赔，愁眉不展得几天都睡不好。小陶主动写了辞职信。还准备把自己几个月的工资都不要，用来赔偿公司的损失，并觉得自己未来的生活就要和莫泊桑小说中《项链》中的玛蒂尔德一样，将一生都用来还债。她眼睛哭得红肿，等这状况都持续了一个星期的时候，她才得到消息，说公司没有打算让她赔损失，此次遭遇到的骗子公司，物流公司有重要责任，同时小陶的一切程序都是按照公司的指示，不应该由她来赔付。经理还给小陶加薪了，但是小陶的辞职信在一周之前就交给了经理的上司，所以小陶不得不离开公司了。

世间不如意之事，十有八九。不被世间纷繁复杂的事情所干扰，才能用心看到一个真实的世界，保持一个平和自然的心态，这样所有的苦恼才会迎刃而解。当一个人心中有更高的理想和信念时，这种来自于外界的困难就会显得十分渺小。在社会中的年轻人一定要有一个积极乐观的心态，不要在被困难打倒之前，就先被自己的心中所想战败。

心态决定命运，心态决定人生。在现实的生活中，每个人都有自己不顺心的事情，这种情况总是无法避免。虽然不能改变外界的糟糕环境，却可以决定自己的心灵选择。有一句话令人记忆深刻："当我苦恼于没有一双好鞋穿的时候，我才发现不远处有个人没有脚。"很多事情要以不同的眼光来看，要善于用不同的眼光看问题，把任何不愉快的事情都看成是上天送给自己的礼物，便能从生活中得到无限的乐趣。

第五节　赞美是一种正能量

什么是赞美？所谓的赞美就是带有赞誉性、激励性的语言。它不仅能够满足人的听觉需求，更能够给人带来实际意义上的帮助。其实在现实的生活中，大多数人都喜欢别人对自己恭维、赞美。不过这种赞美也是出于真诚、自然的赞美，而不是虚情假意。美国第十六任总统林肯说过："人人都需要赞美，你我都不例外。"不要觉得赞美是一种付出，其实真诚地赞美别人，最能获得别人的心。

真诚地赞美他人

人们常说："赞美是人与人之间的润滑剂。"赞美有着一种神奇的力量，真诚的赞美可以激起一个人的志气，帮助他人建立起自尊心，有的时候赞美甚至可以改变一个人的一生。也许年轻人会觉得自己已经离开校园步入社会，由一名学生转变为社会人了，就不应该因为别人的一句赞美而喜不自胜。但是得到他人的赞美，依旧会使内心高兴。其实这就是潜意识当中，每个人都喜欢听到赞美的话，都渴望得到别人的赞美。

一位学者，小的时候非常不爱写作业，每次都是拿别人的作业抄，或者拿课堂上的作业代替家庭作业。每次老师都会打给他几个手板，但是他仍然死性不改。这样一直到小学四年级，他的成绩一直很普通。由于成绩一般，同班的同学都不爱和他玩，甚至一些家长还告诉自己的孩子不能和他一起玩，以免影响学习。但是他仍然还按照老样学习，依旧我行我素。

到了小学五年级的时候，来了一位年轻的女教师。这位老师看出他的作业是课堂上代替的，却没有揭发他，而是在班级里面好好地表扬了他。"同学们一定要向这名同学学习，他的字写得非常工整，作业写得也很认真。"很多同学在座位上偷笑。老师继续说："大家难道不应该学习别人的优点吗？有什么可笑的？咱们班的这位同学的作业本是班级里面字写得最好看的一个。"

听了老师的话，他脸色绯红，决定痛改前非。每次他回家写作业的时候，都小心翼翼地写，很认真地检查。后来他经常能得到老师的赞美，他的成绩也直线上升，一跃而成为班级里面的佼佼者，最后成为一名学者。

这位学者的经历说明，赞美真的能够改变一个人的命运。同时赞美是一种正能量。它能够让萎靡不振的年轻人重新审视自己，充满无限的信心。同时也能让本性难移的恶习少年步入正轨，寻找人生的真谛。

赞美不是应酬，有的时候就像一种灵丹妙药，拥有赞美，任何人都不会病入膏肓。

赞美是一种相处的艺术

灵活地运用赞美，就会得到意想不到的收获。赞美不仅仅是一种动听的语言，同时赞美的言辞中还包含了一种关怀和一份期盼。在人与人相处中，不要吝惜自己的赞美，因为赞美可以得到人心，在社会上，每个人需要别人的帮助和支持。一位领导对下属员工的赞美会让员工提高自己的自信和工作的士气，提高工作的效率。一位教师对于学生的赞美能够改变这名学生的命运，使其步入理想的阶梯。

魏老师是一位非常严格的老师，平时总是一脸正气，不苟言笑。很多学生都由于害怕他而很少向他请教问题。时间长了，他的学生成绩就普遍不好。很多学生都和家长反映不喜欢魏老师，而且听不懂他讲课。

校长来找魏老师谈话："魏老师，你是咱们学校数学老师中知识最渊博的一个，同时也是方法最新颖、我最器重的一个，希望你能保持你的优点，我始终相信你。"

魏老师听了校长的话，心里顿时产生了一股热流，回到教室上课也很高兴，不觉间脸上流露出笑容。学生们看到了他的变化都很奇怪，终于有学生敢于向他请教自己不懂的知识了。他很耐心地在课堂上给解决了，同时夸奖了那名学生不懂就问的好习惯，一时间大家都向魏老师提问问题。班级里的数学学习气氛很浓，每个人都喜欢问问题。一个学期下来，他们班的总成绩一跃而成为年组第一名，很多家长都不明白其中的原因。魏老师自己首先开口了："校长的夸赞让我改变了平时的冷峻，我的夸奖让孩子们变得自信和积极主动，和我更加亲近了。"

通过魏老师的经历可以看出，赞美不仅仅能够改变人际关系，而且还可以改变一个人的精神面貌和情感世界，赞美是一种生命的能量，运用这种能量，能够使人获得一个更美好的转变。同时对于每个人的人生理想和追求也有一个好的提升。所以步入社会的年轻人要真诚地赞美身边的人，这样才能够获得对方的心，获得对方的好感，从而得到对方的帮助。马克·吐温说："一句赞美的话，能当我十日的口粮。"心理学家威廉·詹姆斯说："人性中最本质的愿望就是希望得到赞美。"赞美的作用很大，它能够让一个内心荒芜的人瞬间生机盎然。赞美别人，用自己的善意去照亮他人黑暗的世界；赞美别人，用心去浇灌他人心中的花园，那么自己的人生也会得到美化，自己的人生道路也会就此拓宽。

第六节　事无两样心有别

其实，人不只是生活在现实社会中，更生活在自己的心态中。积极乐观的人总是把突如其来的困难当作是磨砺，让自己变得更加的强大。而消极悲观的人却把这些苦难看成是老天的刁难，认为自己很倒霉，从而萎靡不振，停滞不前。世间之事，不如意之事十有八九，其实只要做到不动心，才能够真正超然物外，活得洒脱自然。

心态影响生活

其实，很多同样的客观事物之所以会有不同的声音，完全是由一个人的心态决定的。心态在人生中拥有着重要的地位和力量。佛说："命由己造，相由心生"我们的生与死是由自己所作，受因缘果报，烦恼皆由心生。心态是人的一切心理活动和状态的总和，是人对周围、社会生活的反映和体验，它对一个人的思想、情感、需要、欲望有着决定性的影响，它决定着一个人对待工作、对待生活直至人生的态度。

从前有一位母亲，她有两个儿子，大儿子是卖盐的，二儿子是卖伞的，只要天下雨了，这位母亲就会心情不好，因为她担心大儿子的盐受潮了，卖不出去；倘若天晴了，这位母亲又担心天不下雨，二儿子的伞卖不出去，就这样无论天晴还是下雨，她都是整天愁眉不展，没有开心的时候。一天，她遇到一个算命先生，于是便向他诉苦，说出来自己的想法。先生问她：为何你不能换一种心态来看这件事呢？如果天若下雨了，那么你的二儿子的伞能够多卖出去；如果天晴了，大儿子的盐也好卖了，无论天阴天晴，你都会有一个儿子生意会很红火，如果这么想，不是可以整天开心吗？

哲人说："你的心态就是你真正的主人。"想要一个什么样的生活，完全是由心态决定的，人之所以会痛苦，不是因为在追求错误的东西，而是没能领悟人生的真谛。如果你不给自己烦恼，别人也永远不可能给你烦恼，因为你自己的内心放不下。明白了这个道理，你的人生怎能不快乐？又怎么会有那么多的忧愁？歌德说："人之幸福会在于心之幸福。"所以成功学鼻祖拿破仑·希尔说："你的成功取决于您的心态！"就是这个道理，不同的心态就会产生不同的结果，拥有积极的心态你看到的永远都是事物好的一面。

莫让悲伤遮望眼

正所谓："事无两样心有别。"在这个世界上，有形形色色的人，也有相同的事情，不同的看法。

有句话说："一千个读者，就有一千个哈姆雷特。"之所以会有这种现象，完全是因为每个人看哈姆雷特的感觉是不一样的，心的出发点也不相同，有的人看到的是为复仇而毁了自己一辈子的男人，有的人看到的是为父报仇勇猛的男子。所以心态决定命运，一个乐观的人，他的世界也是充满了美妙的事情，而一个悲观的人，他的世界就满眼是悲伤。

在美国有这样一个小女孩，她每天都从家里走路去上学。一天早上天气不太好，云层渐渐变厚，到了下午时风吹得更急，不久开始有闪电、打雷，好像要下大雨。小女孩的妈妈很担心，于是赶紧开着她的车，沿着上学的路线去接小女孩，她担心小女孩会被打雷吓着，甚至被雷打到。开车的途中她发现很多孩子都被天空中的响雷吓哭了，雷打得愈来愈响，闪电像一把利剑刺破了天空，马上就会有暴雨降临。小女孩的妈妈终于在焦急之中看到自己的小女儿一个人走在街上，不仅没有被打雷吓到，却发现每次闪电时，她都停下脚步，抬头往上看，并露出微笑。看了许久，妈妈终于忍不住叫住她小女孩，问她说："你在做什么啊？"小女孩说："妈妈，你看上帝在帮我照相，所以我要笑啊！"

这个故事告诉我们，很多时候的烦恼和不快都是自己的内心消极因素造成的。如果一个人能正确地认识一些事情，做好自我调节，那么生活将会充满快乐，人只要生活在这个世界上，就难以避免烦恼和忧愁，但是快乐却取决于内心。如果人不学会在忧愁中游弋，那么就一定会溺死在痛苦的海水中。积极的心态是成就事业的基础。心态，决定一个人的幸福。有一个健康而优秀的心态是你成功必不可少的条件。

但是我们虽然不能改变外界的糟粕环境，但是我们却可以决定自己的心灵选择，有一句话让我记忆深刻："当我苦恼于没有一双好鞋穿的时候，我才发现不远处有个人没有脚。"很多事情要以不同的眼光来看，如果你善于用不同的眼光看问题，把任何不愉快的事情都能看成是上天送给你的礼物，你便能从生活中得到无限的乐趣。不被世间纷繁复杂的事情所干扰，才能用心看到一个真的世界，保持一个平和自然的心态，那么所有的苦恼瞬间也会迎刃而解。

第七节　社会大洪流，冷静来相对

没有冷静和理智的支配，任何事情都不会长久。有人说："当你心情不好的时候，不妨把自己与外界隔绝起来，好好思考不良情绪产生的原因，你便会冷静下来。"在生活中，丢失了冷静，做事情就容易冲动，失去理性。这个时候很多事情的发生并不是自己的本意，"冲动是魔鬼"，没有理智的人很难成就大事业。一个遇到了一点小事就乱了阵脚的人，怎么能成就美好的未来呢？

做情绪的主人

情绪化是人的普遍缺点，有的时候人们会因为一些事情而失去理智，进而丢失了工作，失去了朋友。所以管理好自己的情绪很重要，要保持冷静，还要有一个乐观的心态。如果韩信当初不冷静，杀害羞辱他的人，那么他最后也不会成为淮阴侯，只能在监狱里忏悔自己的冲动，最后成为刀下亡灵。在生活中，要学会控制自己的情绪，不要让别人牵引自己的情绪，而是由自己掌管情绪。

其实很多时候，遇到事情先仔细地思考一下，冷静地面对眼前的事情，就会解决得更好。

情绪的好坏影响事情的成败

从古至今，遇事冷静、全面思考的人不多。三国时期的诸葛亮在草船借箭中就充分体现了这一点。周瑜用十天内造十万支箭来为难他，诸葛亮并没有心慌，也没有推却，而是冷静全面地思考，想出草船借箭的方法。虽然他利用周边的环境，也知己知彼，但是如果诸葛亮当时没有全面思考，试问又怎能有草船借箭的壮举？如果说诸葛亮以谋略取胜，那么冷静思索也是其成功的重要原因。很多人遇到事情先乱了自己的阵脚，人在不冷静的时候，思维方式就会混乱，思维混乱就容易做错事或者考虑不够周全。

贾鹏是家里的独苗，从小受到父母和长辈们的宠溺，他要"太阳不敢给月亮"。在这种环境中成长起来的他，养成了好逸恶劳、偏激自私、说一不二的坏习惯、坏品格和心理。他想要的东西，一旦满足不了，就大吵打闹，甚至大打出手。一次，班上的小花说："贾鹏喜欢班级里的王欢。"这件事被老师听到了，狠狠地批评了贾鹏。贾鹏知道是小花说的，立即找几个女生打了小花。小花住了院，贾鹏的家里拿钱给小花治病花了上万元，但是这并不影响贾鹏的性格。一天，贾鹏的 100 元钱突然丢了，班里的一位同学故意开玩笑说，是方宁偷了。贾鹏不由分说就朝方宁要钱。方宁本来就没有偷他的钱，加之贾鹏的态度很恶劣，就顶了贾鹏几句。这下，贾鹏火冒三丈，就要搜方宁的身。此时，方宁也忍不了了，坚决拒绝贾鹏的搜身行为，并说了一些不好听的话。贾鹏更加激动，顺手拿起板凳朝方宁砸去。方宁被当场砸倒在地。后经医院诊断为重伤。贾鹏被人民法院以故意伤害罪判了刑。

处处冷静、事事冷静也并不是每个人都能够做到的。孔子自说："七十而从心所欲，不逾矩。"这才算是情理融和的境界，以孔子那样的圣哲尚且要到七十才能做到，可见其难能可贵。大抵修养入手的功夫在多读书明理，自己时时检点自己，要使理智常是清醒的，不让情感与欲望恣意孤行，久而久之，自然胸襟澄然，矜平躁释，遇事都能保持冷静的态度。

现在社会上不少人因为自己处理事情不够冷静，一时冲动而酿下了大错。因为同学间的一点小事，不能冷静思考，最后也害了自己。不能冷静是逞意气、心境不够豁达，是性格修养上的一个缺憾。在社会上，如果不能给冷静地处理事情，也就不能成就多大的事业。心有多大，舞台就有多大；心有多宽，路就有多宽，头脑不冷静的人，处理事情只能是乱作一团，从而导致成功之路停滞不前。

第 7 章

未雨绸缪，社会成长的经验之谈

在相同的境遇下，不同的人会有不同的命运。一个人的命运不是由上天决定的，也不是由别人决定的，而是由自己决定的。在人生的风雨之中，任何人都难免遭到风吹雨打，所以必须拥有抵抗风雨的勇气与能力。有时候，命运是故意要制造一些风风雨雨来考验人们。所以，随时都要有迎接命运考验的准备，并敢于向命运挑战。缺憾应当成为一种促使自己向上的激励机制，而不是一种宽恕和自甘沉沦的理由。

第一节　找准自己，演好自己

　　不同的时间，不同的环境，要求每个人扮演着不同的人生角色。在人生的台前幕后，有时需要我们唱主角，有时需要演配角。演主角时要当仁不让，尽心尽力；演配角时要心甘情愿，决不抢戏。而要演好自己的角色，必须首先找准自己的位置。这样，才能有的放矢地做好自己。

活出自己的特色

　　德国哲学家莱布尼茨说过，世上没有两个完全相同的事物，哪怕是孪生兄弟都会有区别。经过科学论证也的确如此。就拿每个人的手来说，世界上没有一双手是相同的，因为每个人的指纹都是不一样的。任何自然形成的事物都有着与众不同的地方，任何生命都有自己独特的个性。正因为个性的存在，才构成了形形色色的生命，才有了五彩斑斓的社会。一个人如若失去个性，生命的意义将是一片空白。找出自己的兴趣所在，找到一份自己喜欢的工作，活出真实的自我，这样才不枉在人世上走一遭。

　　每个人只有一次生命，都是独一无二、不可重复的存在。正像卢梭所说："上帝把你造出来后，就把那个属于你的特定的模子打碎了。"名声、财产、知识等都是身外之物，人人都可求而得之，但没有人能够代替自己感受人生。一旦死亡，就不能再活一次。活在世上，最重要的事就是活出自己的特色和滋味来。一个人的人生是否有意义，衡量的标准不是取得了多少财富，而是这个人对人生意义的独特领悟和个性的坚守，从而使自我绽放出个性的光华。每个人都应遵从内心的指示，对自己的理想要有决断力，并根据当时的认识水平选择能够达到人生目标的最佳途径。

正视自己的生活

正视自己的生活才能不断对自己提出新的目标和方向。有位哲人说："希望是生命的源泉，没有了希望，生命之树就会枯萎。"

在辽阔的非洲大草原上，当黎明的曙光刚刚划破夜空，一只羚羊从梦中猛然惊醒。"赶快跑！"它想到，"如果跑慢了，就可能被狮子吃掉。"于是，起身就跑，向着太阳飞奔而去。

就在羚羊醒来的同时，一只狮子也醒了。"赶快跑！"它想到，"如果跑慢了，就可能被饿死。"于是，起身就跑，也向着太阳跑去。一个是自然界兽中之王，一个是食草的羚羊，等级差异，实力悬殊，但面临的是同一问题：为了生存而奋斗！

生命只有一次，如果把每次冲锋都当作生命里只有一次的机会，那么胜利就在眼前！正视自己，能大胆地面对自己的失败，这也是种勇气。如果这样的勇气都没有，就真的是败在了自己的手上！战胜不了自己，就永远不会是生活的强者。

做人生中的强者

想成为强者，就要学会正视自己。不能或不敢正视自己的人，充其量不过是生活中的一个懦夫而已。生命只有一次，在这有限的时间内，要成为生活中的强者、工作中的强者。

人都为了自己的未来而不懈地奋斗着，无论他们怎样看待自己的生活，无论他们怎样面对今天的生活，生活需要的不是施舍而是追求；生命需要的不是恐惧，而是不断地冲刺，是短暂休息之后的勇猛地冲刺。

在人生这个大舞台上，上苍赐予每个人的时间、健康、机运、幸福、困苦都是平等的，不同的便是这种赐予的次序不同。

倘若一个人先得到的是困苦，那么通过对命运的不屈而努力，幸福就会在不远处等他；倘若相反，困苦就会在不远处迎接。所以，任何一种人生道路都是自己选择的，都没有任何的理由和借口来为自己的懒惰开脱。否则，路还会越走越窄。所以，正视自己，正视自己的现状，不要再给自己理由和借口。累、烦、寂寞、失落……每个凡夫俗子都会有，有些人坚持下来了，便走出了阴霾；有些人妥协，甚至放弃自己以后重新来过的机会，那么其一生都生活在自己那些泡沫当中。

生活给予自己的也许是一个又一个令人并不满意的结果。与其一直沉浸在自我沮丧中，不如自己选择一条合适的路走下去，让美好的生活在自己身上重新绽放出光彩。"缘分是上天所赐的；快乐是要自己找的；欢笑是朋友带来的；幸福是靠自己争取的；烦恼是用智慧自解的。"人生在世，离开了自己的努力，又从何谈起呢？了解自己的所需、所想、所要追求的目标与理想，才能更好地把握生活，把握未来的一切。不要强迫自己去对一切都不在乎，更不能将自己的行为准则强加在别人身上。正视自己，不再逼自己成为别人希望看到或看到会如何如何的样子。

在这个世界上，只有一个人可以改变和决定我们的命运，这个人就是自己。自己的命运掌握在自己的手里。

在这个世界上，没有什么事情是不可以改变的，美好、快乐的事情会改变，痛苦、烦恼的事情也会改变。曾经以为不可改变的事，许多年后，人们就会发现，其实很多事情都已经改变了。而改变最多的，就是自己。

成功需要一个健康的心态。没有一个健康的心态，早晚会出问题，甚至会让成功变成昙花一现。如果想改变自己的世界，改变自己的命运，改变自己的未来，那么首先应该改变自己的心态。只有心态是健康的，世界才会是光明的。改变心态才能改变命运，有良好的心态才会有幸福的人生。

　　一次火灾事故中，消防队员从废墟中找出了一对孪生兄弟——李勤和李乐。他们是此次火灾中仅有的两个幸存者。兄弟俩在这次火灾中被烧得面目全非。弟弟整天对着医生唉声叹气："自己变成了这个样子，以后还怎么去见人？还怎么养活自己？与其赖活着，还不如死了算了。"哥哥努力地劝弟弟说："这次大火只有我们得救了，因此我们的生命显得尤为珍贵，我们的生活最有意义。"

　　兄弟俩出院后，弟弟还是忍受不了别人的讥讽，偷偷地服了安眠药离开了人世。而哥哥李勤却艰难地生存了下来，无论遇到什么样的冷嘲热讽，他都咬紧了牙关挺了过来。他每次都暗自提醒自己："我的生命的价值比谁都珍贵。"

　　有一天，李勤在雨中看到不远的一座桥上站着一个人。那个人要自杀，但连续三次从桥上跳入河中都被李勤救了起来……

　　谁知，李勤这次救下的人是一位亿万富翁，这个富翁很感激李勤的救命之恩，就和他一起创业。几年后李勤用自己挣来的钱做了整容。

　　在相同的境遇下，不同的人会有不同的命运。一个人的命运不是由上天决定的，也不是由别人决定的，而是由自己决定的。在人生的风雨之中，任何人都难免遭到风吹雨打，所以必须拥有抵抗风雨的勇气与能力。有时候，命运是故意要制造一些风风雨雨来考验人们。所以，随时都要有迎接命运考验的准备，并敢于向命运挑战。缺憾应当成为一种促使自己向上的激励机制，而不是一种宽恕和自甘沉沦的理由。

充分认识自己，才能找准位置

善于体察别人的是智慧，能够认识自我的是高明，善于战胜别人的是威力，能够战胜自我的是坚强。了解别人，慧眼识人，这种人了不起，但真正能够了解自己的人才是智者。

在古希腊帕尔索山上的一块石碑上，刻着这样一句箴言："你要认识你自己。"卢梭称这一箴言"比伦理学家们的一切巨著都更为重要，更为深奥"。显然，正视自己是至关重要的。

汉文帝是个很有作为的皇帝，他敬重老臣陈平、周勃，得到了他们的辅佐。而陈平和周勃也互相尊重，互让相位，成为以"谦让"为做人之本的典范。

一天，文帝到陈平家去探视。面对文帝的深切关怀，陈平非常感动，但也非常惭愧。他对文帝说："皇上您太仁慈了，但我却犯了欺君之罪。我对不起您对我的一片爱心啊！"原来，陈平并没有生病，而是装病。他不想当丞相，而是想把相位让给周勃。文帝问："为什么？"

陈平诚恳地说："高祖在时，周勃的功劳不如我；诛灭诸吕时，我的功劳不如周勃。所以我愿意把相位让给他，请皇上恩准。"

皇上听陈平如此说，理解并听从了陈平的建议，决定任命周勃为右丞相，位居第一，任陈平为左丞相，位居第二。

文帝对国家大事非常重视。有一天汉文帝上朝时想了解一下国家与人民百姓的事情，于是他就把右丞相周勃找来，问他："全国一年之中要审理、判决的大大小小案件一共有多少件？"周勃一听愣了一下，低着头，回答汉文帝说不知道。文帝又问："那么全国上下每年收入和支出的金钱又是多少？"周勃急出一身冷汗，汗水多得把脊背的衣服都弄湿了，因为他还是回答不出来。

汉文帝看周勃答不上来，就问左丞相陈平，陈平说："这些事情都分别有掌管的人，问审理案子的事，有廷尉；问财务的事，有内史。只要把他们都找来，一问就知道了。"

文帝听后就生气了，说道："既然什么事情都有专人负责，那么丞相应该管什么呢？"

陈平毫不犹豫地回答："每个人的能力都是有限的，不能事无巨细，每事躬亲。丞相的职责是：上能负责皇上，下能调理万事，对外能镇抚诸侯，对内能安定百姓。同时，丞相还要管理大臣，使他们都能尽到自己的责任。"

汉文帝听了点点头，对陈平的回答十分满意。

事后周勃感到非常羞愧，觉得自己反应、机智都不如陈平，于是借着生病想回家乡养老的理由，辞去右丞相的官职。

汉文帝非常理解周勃的心情，批准了他的辞呈，任命陈平为右丞相。从此以后，不再设立左丞相。

陈平辅佐汉文帝，励精图治，成就了汉初盛世。

智者总能正确认识自己的才能，并以自己的才能为基础，懂得"力所不及"和"过及"的辩证法则。真正认识自己并不是件容易的事。有人活了一辈子都不能认识自己，却对别人认识得很清楚，把握得很准确，而对自己却不认识，也不能准确把握。也有人感叹自己不了解别人，却认为完全了解自己，这都是不能正确认识自己的表现。

乔叟说："自知的人是最聪明的。"人贵有自知之明。老子说："知人者智，自知者明。胜人者力，自胜者强。"这显然是把自知和自胜放在更高的层面上来评价的。没有自知，不能自胜。每个人都要认识自己，通过各种方法了解自己，找准自己的位置和方向。

在漫长的人生历程中，必须正确地认识自己。把自己估计过高，会脱离现实，守着幻想度日，怨天尤人，怀才不遇，结果小事不去做，大事做不来，一事无成；把自己估计过低，会产生强烈的自卑感，导致自暴自弃，明明能干得很好的事，也不敢去试，最后抱怨终生。可见，认识自己多么重要。倘若能正确认识自己，面临成功，不会忘乎所以，瞧不起别人；遇到挫折失败，也不会丧失信心，才能更加谦虚，更加勤奋。

尤其在充满竞争的今天，充分认识自己，找出自身的优势和劣势，加强学习，不断提高，才能适应形势，找准自己的位置，使自己成为一个对社会有用的人。"你要认识你自己"，就是说，包括认识自己的情感、气质、能力、水平、优缺点、品德修养和处世方式等，能对自己做出较为准确、恰如其分的估量和评价，不掩饰、不溢美。

有位心理学家给一群人做完多项人格检查后，拿出两份结果，让参加者判断哪一份是自己的。事实上，一份是参加者自己的结果，另一份是多数人的回答平均起来的结果。参加者竟然认为后者更准确地表达了自己的人格特征。

一位名叫肖曼·巴纳姆的著名杂技师在评价自己的表演时说，他之所以很受欢迎是因为节目中包含了每个人都喜欢的成分，因为他能够做到"每一分钟都有人上当受骗"。

人们常常认为一种笼统的、一般性的人格描述十分准确地揭示了自己的特点，心理学上将这种倾向称为"巴纳姆效应"。

巴纳姆效应在生活中十分普遍。例如，很多人请教过算命先生后都认为算命先生说的"很准"。其实，那些求助算命的人本身就容易接受他人的暗示。当人的情绪处于低落、失意的时候，就对生活失去控制感，于是安全感也随之受到影响。一个缺乏安全感的人，心理的依赖性便会大大增强，受暗示的可能性就比平时更强了。加上算命先生都比较善于揣摩人的内心感受，能够理解求助者的感受，求助者立刻会感到一种精神安慰。算命先生接下来再说一些一般的、无关痛痒的话，便会使求助者深信不疑。

第二节　自信铸就成功

　　世界上的每一个人，都有他自己独特的美，但是这种美通常被自卑所蒙蔽。有句话："自信的人，才是最美的人。"人因为有了自信，才能够勇敢地面临眼前的各种挑战。所以我们要自信起来，更多地欣赏自己，展现自己。

自信成就未来

　　在这个世界上，通过自己的努力，每个人都能够成为了不起的人。每个人都是人才，都是天地间的奇迹，都可能是千古流传的传奇人物，只不过因为不自信，不相信自己的潜力，所以真正的自我就被自卑所埋没。常常有些人觉得自己的才能不如别人，所以不敢放手一搏，眼看着时间与机遇在自己的眼皮子底下溜走，这样的人在生活中并不少见。人应该相信自己有独到的美，这种美也许蕴藏在心中，无须在别人的眼里搜寻。

　　某个小镇上有个家庭贫困的小女孩，她从小就没有父亲，只能和母亲相依为命。由于家庭贫困，长期营养不良，小女孩感觉自己和别人差了好大一截，自己的相貌一点儿也不出众。她很少出去和小伙伴们玩耍。这一年的圣诞节，妈妈给了她10美分，让她给自己买一份礼物。她大喜过望，但是还没有勇气从大路上大大方方地走过。她捏着这点钱，绕开人群，贴着墙角朝商店走。一路上她看见所有人的生活都比自己好，心中不无遗憾地想：我是这个小镇上最抬不起头来、最丑的女孩子。

她就这样一路躲着人群来到了商店。一进门，她看到柜台上摆着一批特别漂亮的缎子做的头花、发饰。正当她站在那里发呆的时候，售货员对她说："小姑娘，你的亚麻色的头发真漂亮！如果配上一朵淡绿色的头花，肯定美极了。"她看到价签上写着6美分就说："我买不起，还是不试了。"但这个时候售货员已经把头花戴在了她的头上。售货员拿起镜子让她看看自己。当小姑娘看到镜子里的自己时，突然惊呆了。她从来没看到过自己这个样子，她觉得这一朵头花使她变得像天使一样容光焕发！

她不再迟疑，掏出钱来买下了这朵头花。她的内心无比陶醉、无比激动，接过售货员找的4美分后，转身就往外跑，结果在一个刚刚进门的老绅士身上撞了一下。她仿佛听到那个老人叫她，但已经顾不上这些，就一路飘飘忽忽地往前跑。她不知不觉就跑到了小镇最中间的大路上，她看到所有人投给她的都是惊讶的目光。她听到人们在议论说，没想到这个镇子上还有如此漂亮的女孩子，她是谁家的孩子呢？这个女孩子简直心花怒放！她想：我用剩下的这四美分回去再给自己买点儿东西吧。于是她又一路飘飘然地回到了小店。刚一进门，那个老绅士就微笑着对她说："孩子，我就知道你会回来的，你刚才撞到我的时候，这个头花也掉下来了，我一直在等着你来取。"

英国文学家培尔辛说："除了人格以外，人生最大的损失，莫过于失掉自信心了。"大多数人都会觉得自己与成功、优秀无缘。其实优秀与否仅在于自己的内心。当坚信自己一定没问题，然后努力地去做事情的时候，就会发现，很多事情没有自己想象的那样难。每个人真正的自我都比现实中的自我要优秀的多，要有智慧，要有能力的多。有的时候需要静下心来，刨除自己内心的自卑感，找出自己性格和能力欠佳的地方，这样才能不断地扩充自己，让自己自信起来，优秀起来。

要有事在人为的态度

相信自己，欣赏自己，将所有的自卑感全部都抛开，因为"事在人为"，没有什么不可以。成功其实就掌握在自己的手中，只要相信自己能办到，并且着力地动手去做，那么一切梦想都能实现。

一个农民出身的孩子，家里穷，从小就跟着父亲下地种田。每次休息时，他都望着远方出神。父亲问他想什么。他说："将来长大了，不要种田，也不要上班，天天坐在家里，有人往家里邮钱。"父亲笑着说："别做梦了。"后来他上了学，从课本上知道有个金字塔。他就对父亲说，长大了想去看金字塔。父亲又笑着说："别做梦了。"十几年以后，这个孩子当上了作家，写文章，出书，每天坐在家里写作，出版社、报社就往他家里邮钱。有了钱，他就去看了金字塔。站在金字塔下，他默默地说："爸爸，人生没有什么不可能。"这个孩子就是后来台湾最受欢迎的作家林清玄。

其实在这个世界上，每个人都有自己的优缺点，正所谓"尺有所短，寸有所长"。如果每个人都能客观地评估自己，在认识缺点和短处的基础上，找出自己的优点，"以己之长，攻彼之短"就能够充分地激发自己的自信心。年轻人在社会上，如果没有自信心，没有勇气接受来自各方的挑战，那么无形之中也错过了很多属于自己的机会。所以自信就是欣赏自己的长处，并充分地利用自己的长处，让自己获得成功。

另外，自信并不是"感觉自己是鲜花，别人都是枯草"，"不是自命不凡，孤芳自赏"，而是告诉自己"我能行"、"别人能办到的，我也能"。只有这样，一个人才会感觉生命充满活力，每一天的太阳都是新的，每一天都有用不完的劲头，仿佛拥有像阿基米德那样"给我一个支点，我就能撬动整个地球"的豪迈和自信。

第三节 懂得聆听的艺术

聆听是一种最佳的沟通技巧，也是礼貌和诚挚的表现。聆听使对话双方更加融洽与信任，心灵的距离被缩短了。专心听别人讲话的态度是一个人能够给予别人最大的赞美，别人也将会以热情和感激来回报自己的真诚。

做一个优秀的倾听者

最有价值的人，不一定是最能说的人。老天给了每个人两只耳朵一个嘴巴，本来就是让人少说多听的。善于倾听，才是成熟的人最基本的素质。实践表明，不能耐心倾听对方发言是人际交往的一大忌，有经验的交际者大多不会犯这种错误。因此，少说多听，话语及时，是人际交往中十分重要的一个技巧。

通常情况下，缺乏交际经验的人都会认为自己和别人交流的任务就是谈自己的情况，让别人在最短的时间里了解自己。因此，在交谈中，他们总在心里想下面该说的话，却从来不去注意听对方发言，许多宝贵信息就这样失去了。因为他们错误地认为成功的交际是因为说得多才掌握了交流的主动。然而，事实却并非如此，在人际交往中不仅要懂得说，更要懂得"会听，多听"。因为，"会听"是任何一次成功的交际都必须具备的条件。一个善于交际的人善于把50%以上的时间都用在"听"上面，而且是边听、边想、边分析，并不断地向对方提出问题，以确保自己能够准确地理解对方。他们仔细听对方说的每一句话，而不仅是他们认为重要的或想听的话，因此而获得大量宝贵信息，增加了彼此的机会。

    曾经有个小国的使者来到中国，进贡了三个一模一样的金佛像。瞧着金佛像，皇帝很高兴。这个小国的使者还出了一道题目：这三个金佛像哪个最有价值？皇帝想了许多的办法，请来金匠进行检查，称重量，验做工，可都没能区别出来。

    怎么办？泱泱大国，不会连这么个小问题都答不出吧？最后，有一位老臣说他有办法。

    皇帝将使者请到大殿。老臣胸有成竹地拿出三根稻草，分别插入三个金佛像的耳朵里——插入第一个金人的稻草从另一边耳朵出来了；第二个金人的稻草从嘴巴里直接掉出来了；第三个金人，稻草进去后掉进了肚子里，什么响动也没有。

    老臣说："第三个金人最有价值。"使者默默无语，答案正确。

最有价值的人，不一定是最能说的人。正如一句谚语所说的："沉默是金，语言是银。"善于倾听才是成熟的人最基本的素质。

所以，在人际交往中，要尽量鼓励对方多说，并提问题请对方解答，使对方多谈他们的情况，以达到了解对方的目的。总之，"谈"是任务，而"听"则是一种能力，甚至可以说是一种天分。但许多人并不懂得这个道理。当别人说的话自己不同意时，往往不待别人说完，就想插嘴。实际上，这样做是不理智的，不但不能使别人放弃自己的主张，反而会让别人觉得这个人是一个不懂得礼貌的人。所以，必须耐心去听，并且鼓励对方把意见完全说出来。

那么，每个人该怎样控制自己，让自己做一个"少说多听得人心"的人呢？

§ 学会倾听

听和说，是语言沟通的行为。在谈话中要想达到最佳状态，不但要说好，更要听好。掌握良好的听话技巧，在谈话中能更好地联络情感，既满足对方的需求，又达到了自己的目的。

§ 用肢体动作倾听

在对话过程中，说话者的举手投足都代表一定的动作意图。要想更好地与对方交际，就必须会用一些必要的肢体动作，将自己的意思传达给对方。明智的人能领会说话者的用意，相应的做一些调整，使谈话得到优化。肢体语言用得到位也很方便，有语言达不到的效果。

§ 用眼神倾听

眼睛是心灵的窗户，要想淋漓尽致地表达自己的内心情绪，必须用好自己的眼睛。谈话时对方与自己最直接的交流除话语之外，就是两人的眼神。说话者想让聆听者认真听他讲话，那么一定会用眼睛注视着聆听者，而聆听者认真聆听时也会专注地注视着说话人的眼睛。会用眼神倾听的人不但能给对方留下好印象，还容易与对方建立信任。

§ 明白一个道理

不开口的效果反而会胜过多说话。言多必失是很多人在交际的时候并没有认识到的一个方面。人们都知道在谈判中"言多必失"，其实交际也是如此。因为没有谁愿意和一个"话痨子"交往。

做一个善于交际的人，做一个别人喜欢和你交际的人并不难，只要管住自己的嘴巴，竖起耳朵，多听少说，给自己一个了解别人的机会，也给别人一个介绍自己的机会，这才是正确的交际之道。只有用心倾听，才能获得说话者所要表达的完整信息，也才能让说话者感受到聆听者的理解和尊重。用心倾听向对方表达的是："我关心你的遭遇，你的生活和经历是重要的。"

认真聆听是对他人的尊重

任何人不可能永远都是正确的，正所谓"当局者迷，旁观者清。"所以，要冷静倾听别人对自己的看法或者批评。哪怕他是自己的敌人，也会从中更清楚地认识自我，想办法从中学习，弥补自己的不足，增强自己的竞争力。

人类并非逻辑的动物，而是情绪的动物，总是讨厌被批评，喜欢被赞赏。当听到别人要谈论自己的缺点时，大多数人会不假思索地采取防卫姿态，而事实上，在接受批评的过程中才能体察到自己的不足。当遭遇攻击而怒火中烧时，何不先告诉自己："等一下……我本来就不完美。连爱因斯坦都承认自己99%都是错误的，何况我呢？这个批评可能来得正是时候。我应该感谢它，并想法子从中获得益处。"

事实上，掌握倾听的艺术并不难，只要克服心中的障碍，从小处做起，就肯定能够成功。

德怀特·莫罗是一名刚刚出道的外交家，受柯立芝总统之命出任墨西哥大使。

"这是一件很困难的差使，"布鲁斯·巴顿说，"墨西哥是山姆叔叔手上最敏感的一个手指头，到那边去做大使是很麻烦的一件事。"

鉴于此，对莫罗而言，第一次拜见墨西哥总统卡尔士的表现，具有历史意义的。如何给墨西哥总统留下一个良好的印象呢？在这样的紧要关头，莫罗运用了一个策略。莫罗绝口不提起那些应当由大使来负责谈判的严重问题。他只是称赞厨子，多吃了几块饼，点着了一支雪茄，请卡尔士总统给他讲一些墨西哥的情形，比如内阁对于国家的希望如何？总统想做的是哪些事情？他对将来有些什么看法？当卡尔士发表意见时，他则在一旁全神贯注地听。

结果，第二天，卡尔士总统对一个朋友说，莫罗才是真正会说话的大使。卡尔士总统的这句话让情绪紧张的墨西哥人、焦急不安的美国人，都长长地舒了一口气。

初出茅庐的莫罗如此轻易地折服了卡尔士总统，并非采用了什么特别的策略，只不过是诱使卡尔士总统发表意见，自己洗耳恭听罢了。

聆听何以有如此大的魅力？

在许多人眼里，倾听不过是一种最基本的沟通手段而已。事实并非如此简单，倾听不仅是一种沟通的手段，更是一种礼貌，是尊重说话者的一种表现，是对说话者的最好恭维。专注倾听对方说话，可以使对方在心理上得到极大满足。

这正是莫罗成功的秘诀。通过倾听，无形之中，他显示了自己对卡尔士总统的尊崇，让卡尔士总统感受到了充分的尊重。获得了尊重与恭维，卡尔士总统不对莫罗产生好感，那才怪呢！

鲍伯从不看赞赏他的信，只看批评的信，因为他知道可以从中学到一点东西。福特汽车公司为了了解管理与作业上有何缺失，特地邀请员工对公司提出批评。有一位香皂推销员，甚至主动要求人家给他批评。当他开始为高露洁推销香皂时，订单接得很少。他担心会失业，他确信产品或价格都没有问题，所以问题一定是出在自己身上。每当他推销失败，他会在街上走一走，想想什么地方做得不对，是表达得不够有说服力？还是热忱不足？有时他会折回去，问那位商家："我不是回来卖给你香皂的，我希望能得到你的意见与指正。请你告诉我，我刚才什么地方做错了？你的经验比我丰富，事业又成功。请给我一点指正，直言无妨，请不必保留。"这个态度为他赢得了许多友谊以及珍贵的忠告。这个人后来升任高露洁公司的总裁，他就是著名的立特先生。

耳听八方，可以使人们紧跟时代前进的步伐；广纳群言，能使人们保持清醒的头脑；谦虚谨慎，能使人们增长知识与才干；而学会倾听，则是每个人实现上述目标应练好的基本功之一。

我们需要倾听的内容主要有以下几方面：

◇倾听不同意见

在工作和生活中，存在不同意见是很正常的。怕的是没有不同意见，怕的是只有一种声音。压制不同意见，只能是死水一潭，充分倾听不同意见，就能形成生动活泼的工作局面。

◇倾听逆耳之言

人无完人，发自内心的提示与批评是一种关心和爱护，同时也是一种难得的帮助。一个人如果长期听不到上级的逆耳之言，就应该反省自己的工作能力；如果长期听不到同级的逆耳之言，就应该反省自己的人际关系；如果长期听不到下级的逆耳之言，就应该反省自己的工作作风。

◇倾听背后议论

背后议论可能当时听不到，但迟早是要传入耳中的。听了这种议论，不要急于辩解，重要的是用事实来澄清。

红军长征后，陈毅带领部分红军战士留在苏区坚持斗争。由于形势险恶，党的一些经费由几个负责人缠在腰里小心保管着。有些战士不了解情况，便在背后议论，怀疑经费已落入个人腰包。陈毅听后，立即把队伍召集在一起，然后从腰上解下布袋，当啷啷，把钱全部倒在桌上，诚恳地说："同志们，这是党的钱，只有这么多，是准备特殊情况下应急用的。党要我保管，我从来一个都没敢乱用。我有责任通知大家，万一我被敌人一枪打死了，尸首可以不要，钱无论如何要拿回来。"

从陈毅"倒金"来看，背后议论也是一种很有效的监督方式。背后议论不可怕，各级领导干部应该以自己公开公正的实际行动，消除各种议论。

倾听是一种姿态，是一种与人为善、心平气和、谦虚谨慎的姿态。有了这种姿态，就能做到海纳百川、光明磊落、心底无私。聆听不仅是一种沟通的手段，更是一种礼貌，是尊重说话者的一种表现，是对说话者的最好恭维。专注聆听对方说话，可以使对方在心理上得到极大满足。没有谁会拒绝耐心而专注地听自己说话的人。假如想赢得他人的好感，或者说服他人的时候，不妨少"说"而要多"听"。

第四节　灵活回避正面冲突

生活中的许多冲突虽不会置人于死地，却让人很烦恼。委婉的方式，含蓄的语言，灵活的妥协，暂时的回避……这是避免正面冲突和矛盾的良方，也是保持良好人际关系的要诀。

巧妙运用权威的力量

权威效应，又叫作权威暗示效应，是指一个人如果其地位高、有威信、受人敬重的话，那他所说的话及所做的事就很容易引起他人的重视，并让人们相信他的正确性。

　　"权威效应"之所以能够普遍存在，首先，因为人们都有"安全心理"，即人们总认为权威人物往往是正确的楷模，服从他们会使自己获得安全感，增加不会出错的"保险系数"；其次，由于人们有"赞许心理"，即人们总认为权威人物的要求往往和社会规范相一致，只要按照权威人物的要求去做，就会得到各方面的赞许和奖励。

　　美国有心理学家曾做过这样一个实验，充分证明了权威效应的威力。在给一所大学心理学系的学生们上课时，向学生介绍一位从外校请来的俄语教师，说这位俄语教师是从俄罗斯来的著名化学家。

　　试验中，这位"化学家"煞有介事地拿出了一个装有蒸馏水的瓶子，说这是他新发现的一种化学物质，有些气味，请在座的学生闻到气味时就举手，结果大多数学生都举起了手。本来没有气味的蒸馏水，由于这位"权威"的心理学家的语言暗示而让多数学生都认为它有气味。

　　为了证明权威效应，在美国著名心理学家罗伯特·西奥迪尼所著的《影响力》一书中有一个例子：有人告诉你说，经过大量的研究表明，你这样的人在这个年龄吃这个补品有很大的好处。如果这个人只是一个普普通通的人，你对他的介绍肯定会有一些质疑。

　　但现在这个人的头衔是国际营养学会的高级研究员，那你对上述的话又有何感想呢？当你知道他不仅是高级研究员，而且还是国务院的特级专家，此时你的感想是否会有变化？

　　这时，你又知道了有关这个人的一个事实，那就是去年他曾是诺贝尔生物学奖的获得者。这是世界一流的科学家才会拿到的大奖，一年也只有一次，获奖者在全球的科学家中只有很少的比例。这时，你对上述的话又做何感想？

　　当然，你相信的绝对不只是他这个人，而是他的头衔，是外界授予的头衔。你是在逐渐知道了他的头衔后才越来越相信他的话。

这正是权威效应应用时的奥妙之所在：你可以不是权威，但是如果你能让人感觉到你是权威，你就能让人相信你的话，因为每一个人总是在习惯性地思考问题。

因此，人们对权威的信赖，往往会使自身受权威的暗示所引导。而这里其实并不需要权威的实质，一些权威的假象就可以控制人们的言行。这些暗示可以是服装、头衔或者其他的一些外部标志。有时，即使是具有独立思考能力的成年人也会因为服从权威的命令而做出一些完全丧失理智的事情来。

有一则关于牙膏的广告。当追问看过广告的受众，广告中有哪些人物时，人们普遍都提到了有医生。当然，医生的身份就是用来影响受众的，利用的就是人们对医生的专业性和权威性的认同。但问题在于，广告中并没有明确地告诉观众穿白大褂的那个人就是医生。这是营销中对权威效应的绝妙应用，是基于对人们心理的一种深刻把握。

在美国，汽车是一种尤其能引起人们兴趣的地位标志。根据旧金山地区进行的一项调查，拥有名车的人更能受到人们的尊重。而实验也证明：当绿灯亮起时，人们往往会根据停在前面的车是名车还是普通车来确定是否以按喇叭的方式进行催促。如果是名车，排在后面的人往往会等得久一点儿。当然，坐在名车里的人并不一定受人尊重，但是由于他的车是名车，所以在别人眼里，他这个人的地位自然就随之提升了。

在人际交往中，人们就可以巧妙地利用权威效应来影响别人。可以请权威人物来对某种产品进行赞誉，在辩论说理时引用权威人物的话作为论据等。即使人们本身并不存在权威的因素，但也可以制造一些现象使人们认为"我们就是权威"，这同样能够达到引导或改变对方的态度和行为的目的。

"权威效应"，就是指说话的人如果地位比较高，在社会上比较有威信，受很多人的敬重，那么他说的话就容易引起别人的重视，而且还会对其深信不疑，也就是人们经常说的："人微言轻，人贵言重"。

灵活运用"假设"的力量

在心理学上，有"角色效果"之说。如给某个人一个角色，比如长官、士兵、教授、学生，这个人就会在假设自己是这个角色的过程中逐步适应这个角色，按想象中的这个角色的思维方式去工作、生活，甚至举手投足都带上了这个角色的味道。

不过，让对方转换角色考虑问题，似乎说着容易、做着难。怎样用最快、最轻松的方式让对方转换角色呢？

有一种最简单的方法，就是询问对方："假设您是我，您会怎么办？"或者"您看我该怎么做好？"

沃克长期为一家文化公司做图书的版面设计。文化公司的老板罗斯德是个完美主义者，常会在看完设计图之后，让沃克反复修改，直到他满意为止。

一次，沃克为文化公司设计了一套图书的封面。他非常用心，作品完成之后，感到很满意，办公室的同事也认为很有创意。可是，老板罗斯德看了封面之后，并不十分满意。他通知沃克，让他再仔细想想，再多改改。为此，沃克很苦恼，因为他实在想不出更好的创意了。无可奈何之余，沃克只好打电话给罗斯德，向他请教："对不起，我一时还真想不出更好的方案。假设您是我，您会怎么做？"

　　罗斯德迟疑了一阵，然后回答说："让我想想吧。如果有新的想法，我再告诉你。"结果，罗斯德接受了沃克的封面设计。因为当他自己去设计时，他也想不出更好的创意来。

　　在工作中，许多人都会遇到这类情况，因为缺乏他人的理解与支持，被家人指责、被客户抱怨、被领导批评，却又不知该如何去协商。其实，解决这类问题并不难，只要让对方"设身处地"地设想一下处境和本心就行了。当遇到被人抱怨、误解、指责的问题时，不妨委婉地问上一句："假设您是我，您会怎么做？"或者"您看我该怎么做好呢？"

尽力做到公平以待

　　如今，社会上绝大多数人的不满与争执，都因为"不公平"。特别是在办公室，最容易让职员感觉不公平的是分配不均、劳逸不均。

　　某人干得多，却拿得不多；某人干得少，却拿得多；某人职位高，责任却不大；某人职位低，负责却不少。如此种种，惹得大家你瞪我，我瞪你，你不服我，我不服你，谁都觉得自己亏了。

　　齐景公时，田开疆、古冶子、公孙捷因立有大功，被嘉奖为五乘之宾，一时显赫非常。他们结为兄弟，自号"齐邦三杰"，耀武扬威，盛气凌人，对景公有时也以你我相称。景公爱惜他们的才能和勇气，都容忍下来。日久天长，"三杰"却成为国家之患。相国晏婴对此深为忧虑，每每想除掉他们，又怕景公不听，反而与三人结怨。晏婴想尽了办法，总是不行。这样下去，国家势必会削弱，怎么办？

　　晏婴终于等到了机会，一天鲁昭公带着大夫叔孙姥来访。"三杰"佩着剑目中无人地站在阶下。晏子奏道："园中金桃已熟，可命人摘来为两位国君祝寿。"景公准奏，晏子便亲自监摘，献上六只红香异常的大桃。两位国君吃了桃后，又赐叔孙姥和晏婴各一只桃。然后晏子奏道："还有两个桃，主公可传命诸位大臣述说自己的功劳，确实功大的赐一只桃以示表彰。"景公准奏。

公孙捷首先站出来夸耀说："我当初随主公打猎，杀死猛虎，救了主公之驾，这功劳如何？"晏子说："功劳实在是大！可赐一爵酒，一个桃。"

古冶子说："杀虎算不得什么稀奇。我曾经在黄河斩掉一只妖鳖，使主公转危为安，这功劳如何？"景公说："真是盖世奇功啊！毫无疑问，应当赐给酒和桃。"晏子立刻进酒赐桃。

田开疆说："我曾奉命讨伐徐国，大败徐军，斩名将赢爽，使我国威名大振，主公成为盟主。这功劳够得上吃桃吧？"晏子奏道："田开疆的功劳比两位大十倍，可惜无桃可赐，可赐酒一杯，等待来年。"景公说："你的功劳最大，可惜说得太迟了。"田开疆拔出剑说："斩鳖杀虎都是小事，我跋涉千里，血战成功，反而不能吃桃，在两国君臣面前受辱，遭万代耻笑，我还有何面目站在朝廷之上？"说完挥剑自刎而死。

公孙捷大惊，说："我们立小功吃了桃，田君立大功反而没得到。得桃不让，不算廉，眼看人死而不跟从，不是勇。"也拔出剑自杀了。

古冶子大叫道："我们三人结义，誓同生死，他们二人已死，我独独苟活于世，心中怎么能够坦然？"也自刎而死。

晏婴用"二桃"杀了"三士"，利用的就是"不患寡而患不均"的人性。

要消除员工这种不公平的感觉就要了解不公平的缘由是什么。缘由是什么？就是与他人比较，感觉自己付出的多、得到的少。

一个人对他的权利大小以及工作量大小的接受程度，也是一样的道理。

当然，对于管理者来说，要想什么时候什么事情都做到公平并不容易。十个指头也不一般齐呢？因为不公平总是客观存在就置若罔闻，这并非优秀管理者的作为；相反，尽可能让那些看上去不合理的分配显得公正，让人们将此错觉为合理的根据才是明智之举。

所以，当机会有限又不得不分配的时候，一定要找个方法。可以说按年龄来，按性别来，年长的先，年轻的先，或者女士优先，或者男士优先。更可以用抽签的方法，看谁运气好，看谁运气糟。

人人都要求公平，你有的我也该有，我承担的你也得承担，不然"不平则鸣"，甚至"不平则反"。凡涉及分配，应尽量做到公平。

暂时避开锋芒

也许很多人都有类似的记忆：老师正在往黑板上写字，后面一男生模仿小猫叫了一声。老师很生气，回过头来追问是谁在搞恶作剧，可犯错的男生就是不承认。于是，老师停止板书，表示揪不出捣蛋鬼就不上课。课堂的气氛一下子就变得紧张起来。大家都不吭声，好长一段时间，教室里安静得似乎连针掉在地上都能听见。这时，也许犯错的男生很后悔，不该如此肆无忌惮；说不定老师也有些后悔，没必要为了一个学生耽搁其他同学的时间。正不知如何缓解这紧张的局面，突然，广播里突然传出"保护视力，眼保健操开始了……"对于这突如其来的广播声，无论是学生还是老师，都感到很突然。而这突然而来的声音，让班里剑拔弩张的紧张感消失了，师生的冲突由此得以避免。

这类现象说明了什么？说明在人们的紧张感不断高涨的时候，如果投入一个完全与此无关的其他信息，大家的注意力会暂时转向这个方向，紧张的情绪会得以大幅度的降温。

在沉默对抗中，或在对方气势汹汹时，试图对对方的问题一一作答或一个劲地小心赔不是是不能削减对方的气势的。这时候，不妨突然提出一个游离于话题之外的问题以控制住对方。"你家人还好吧？""对不起，你刚才说什么来着？"越是那些与引起冲突的话题没有丝毫联系的问题，越是能够削减对方的攻击力。这时候，对方多半会为了话题的进展不得不回答这个问题。一回答，他的话语就开始偏离其本意，他的注意力就会被分散，其气势就会大大地消退。

此外，也可以通过搭腔来干扰对方。如果对方一直滔滔不绝地说个不停，不妨频繁地随着对方的话茬搭腔，"说得好"、"差不多"、"是这样"。这样一来，对方的思维逻辑就很容易被打断，说着说着就容易糊涂，或许会问你"我刚才说到哪儿了？"这时，赶紧岔开话题，即使对方意识到了计谋，也无可奈何。

第五节　关注自己，做好自己

不论别人有多好，自己都不要羡慕。要和自己的过去比，这样就会一天比一天快乐。同时，还会有一种幸福的感觉，心里也会得到真正的安宁。

和他人比较不如做好自己

记得有位名人说过："令人沮丧的往往并非事实，而是比较。"总是喜欢和别人比较。这是一种非常危险的心理状态，会使自己慢慢变成牢骚专家。要知道"人比人气死人"，与其羡慕别人，不如好好珍惜现在自己所拥有的一切。

据《圣经》记载，耶稣曾经讲过这样一个"雇工的比喻"：

天国的葡萄园有一个园主。一天清晨，他出去为自己的葡萄园雇佣工人。他与工人议定一天一个"德纳"，就派他们到葡萄园里去了。

大约在第三时辰，园主又出去，看见还有一些人在街市上闲站着，就对他们说："你们也到我的葡萄园里去吧！一天我给你们一个'德纳'。"他们也去了。

约在第七和第十时辰，园主又出去，也照样雇了几个人。

约在第十一时辰，园主又出去，看见还有些人站在那里，就对他们说："你们为什么站在这里整天闲着？"

他们回答："因为没有人雇我们。"

园主对他们说："那么，你们到我的葡萄园里去吧！"

到了晚上，园主对他的管事人说："你叫工人们来，我要发给他们工资，由最后的开始，直至最初的。"

那些约在第十一时辰来的人，每人领了一个"德纳"。那些最初雇来的工人，心里想自己一定会多领，可他们也只领了一个"德纳"。

他们一领到"德纳"，就抱怨说："那些最后雇的人，只不过工作了一个时辰，但你竟把我们与他们同样看待，这样做是不公平的。"

园主答复其中的一个说："朋友！我并没有亏负你，你不是和我已经议定了一个'德纳'呢？拿你的收获吧！我愿意给这最后来的和给你的一样。记住，凡事不要和别人比较，这样你才会过得轻松。"

现在，把目光放在那些抱怨的工人的身上，想想自己是否也有过这种心理呢？实际上，在许多时候，自己都会感到不满足或失落，仅仅是因为觉得别人比自己幸运而已。如果能够安心享受自己的生活，不和别人比较，在生活中就会减少许多无谓的忧愁与烦恼。

比较是烦恼的来源。人的欲望是无限的，满足不了就会心里不痛快。世界充满了比较，人们生存的环境，从家庭到社会，只要活动着，时时处处都存在比较。人们的思想，只要不痴呆，事事都在比较；人们的眼睛，观察世间万物，只要睁开着，时时都在比较。

这是一个充满比较的世界，关于比较的事例举不胜举。比如朋友之间聚会，会比较互相的穿戴举止。或者比学问、比地位、比谈吐，比到后来以为比别人好的便兴奋不已，认为不如别人强的便垂头丧气。当然，一般人不会立即表现出来。

会比较的，拿别人的短处和自己的长处比，越比越开心。比如人家的妻子漂亮，我的妻子贤惠，人家的孩子聪明，我的孩子有礼貌等。

不会比较的，拿别人的长处和自己的短处比，越比越难受。如果仔细观察，这样例子在生活中并不少见。会比较的，未免自我安慰；懂得比较的，未免习惯比较；不会比较的，未免妄自菲薄。

关注自己，拒绝攀比

现代心理学的研究成果显示，现在的人们感到压抑的概率是 20 世纪 50 年代的 10 倍。不论生活多么富裕，贫富差距却一直存在，自己有钱，但是还会有许多比你更有钱的人。人们也比以往任何时候都愿意拿自己跟周围的人进行比较。比来比去，那些处于下风的人心里就会酸溜溜的，那些占了上风的人心里也觉得比别人没强多少。商品时代培育出来的商品意识、商品情结，只会使人变得比以往更好高骛远、更贪婪。越是看重物质和金钱，人的心理就会变得越脆弱，也就越不容易满足。

那么，怎样才能不和别人"盲目比较"呢？

• 认识到危害

和别人"盲目比较"是以"自我"和"虚荣"为基础，追求的是"别人有的我要有，别人没有的我也要有"，以显示我和你之间待遇上的"公平"，甚至我要好过你，以此来获得心理满足。但是很多人并没有意识到自己存在着盲目的心理，不肯承认自己有虚荣心，所以很难克服这一不良心理。

实际上，盲目和别人比较是一把刺向自己心灵深处的利剑，对人对己毫无益处，伤害的只是自己的快乐和幸福。所以，只有意识到自己身上存在的问题，才能下决心克服这种心理。

• 将"盲目的比较"化为积极向上的动力

和别人"盲目比较"也存在着一种竞争意识，想达到别人同样的水平或超越别人，如果能抓住这种心理，并善加利用，将比较的心理转化为向上的动力，让自己在才能、知识、意志力、良好行为等方面同他人进行攀比，正确引导自己的思维，超越自己，将有助于一个人在行为和心理上的进步。在这个五彩缤纷的世界里，人们的生活千姿百态，人与人之间存在差异自然也就在所难免，我们要用"和自己赛跑，不要和别人攀比"的生活态度来面对生活，不要让"盲目比较"扰乱心理的平衡，那样生活才会多一份快乐与满足。

最后，请记住这样一段话：懂得比较就是不和别人比较，会比较就是不和别人比较，幸福就是不和别人比较。

第六节　有原则的迎合，
　　要学会投其所好

在社会中，每个人的性格与爱好都不同。生活中有这样一种人，他们善于揣测他人的意图，逢迎他人的喜好，以使自己做出讨人喜欢之举。虽然这种人不值得效仿，但有一点对世人应有所启发：他们为何要逢迎他人的喜好呢？无非是有人喜欢他们如此。所以，在求人办事的过程中，千万不要忽视了一点，即满足他人的兴趣，投其所好地说话、办事。但即便如此，年轻朋友也不应该无原则地迎合，而要学会坚持自己的底线。

时刻关注对方的需求

汽车大王亨利·福特曾说过这样的至理名言：如果成功有什么秘诀的话，那就是站在对方的立场来看问题，并满足对方的需求。这话实在是再简单、再浅显不过了，任何人都能够理解其中的道理，任何人都能够获得这种技巧。可是这种"只想自己"的习惯却很不容易改变，因为自从你来到这个世界上，你所有的举动、出发点都是为了你自己，都是因为你需求些什么。一旦你思考问题的角度变成别人的需求，你会更容易达到自己的目的，所得到的也会更多。

美国独立战争时有一个著名的高级将领叫伊德·乔治，在战争结束后他依旧雄踞高位。于是有人问他："很多战时的领袖现在都退休了，你为什么还能身居高位呢？"

乔治回答说："如果希望保持官居高位，那么就应该学会钓鱼。钓鱼给了我很大的启示，从鱼儿的愿望出发，放对了鱼饵，鱼儿才会上钩，这是再简单不过的道理。不同的鱼要使用不同的钓饵，如果你一厢情愿，长期使用一种鱼饵去钓不同的鱼，你一定是劳而无功的。"

这是从钓鱼中所悟出的人际交往的原则，是经验之谈，也是深刻领悟人性心理所得出的智慧的总结。

卡耐基说："每一年的夏天，我都去梅恩钓鱼。以我自己来说，我喜欢吃杨梅和奶油，可是我看出由于若干特殊的理由，水里的鱼爱吃小虫。所以当我去钓鱼的时候，我不想我所要的，而想它们所需求的。我不以杨梅或奶油作引子，而是在渔钩上扣上一条小虫或是一只蚱蜢，放进水里，向鱼儿说：'你要吃那个吗？'"钓鱼的道理谁都应该懂。可是如果你希望拥有完美的交际，为什么不采用卡耐基的方法去"钓"一个个的人呢？

卡耐基还说，世界上唯一能够影响对方的方法，就是时刻关心对方的需求，并且还要想方设法满足对方的这种需求。

人们去买一样东西，是因为它能满足自己的需求。假如有个推销员，他的服务和货物确实能够帮助人们解决一个问题，他不必喋喋不休地向对方推销，对方也会买他的东西。所以欧弗斯基德教授说："先激起对方某种迫切的需求，若能做到这点就可左右逢源，否则会到处碰壁。"怎样才能知道对方想要的是什么呢？当然就是沟通，对在沟通中获取的信息进行分析和判断，我们就比较容易知道对方想要的是什么。其实，在日常生活中，我们经常会遇到各种各样的障碍，拨开这些障碍所散播的迷雾，我们会发现，在很多情况下，是我们并不清楚对方想要的到底是什么，如果我们无法满足对方的需求，就容易使问题复杂化。

激起并满足对方的需求其实并不难，我们可以从以下几方面着手：

§ 尊重的需求

自尊心自幼即有，一旦受到伤害，便会痛苦不已。如果受到尊重，则会感到欣慰和满足。

§ 自主和表现的需求

人人都希望按自己的思想和意志办事，这就是自主的需求。每个人都希望在别人面前表现自己，于是尽可能发挥自己的才能，运用自己的智慧，创造出可观的劳动成果，使自我表现心理得到满足。

§ 爱好和感情的需求

人都有各自的爱好，你应尽可能为满足对方的心理需求提供方便，这样会使对方得到最大的满足。

§ 交往和社交的需求

社会是人们生活乐趣的源泉之一，不要忽略了这点。

§ 宣泄的需求

人逢不快或心情郁闷时，总想找人诉说一番，一吐为快。如果你能充当这个角色，那么就不要错过。

需求是指个体在社会生活中缺乏某种东西在人脑中的反映，它既是一种主观意识，也是一种客观需要的反映。其中包括人的生理需要和人的社会需要—即人的物质需要和精神需要两个方面。需求是人的积极性的基础和根源，满足了对方的需求，就可以获得对方的好感，拉近彼此的距离。

巧妙运用"自己人"效应

在人际交往中，人们彼此之间会相互影响。这种相互影响有时是无意的，有时则是有意的，即一方对另一方有意识地施加影响，以便矫正对方某种行为。有意施加影响的技巧很多，其中"自己人效应"便是其中之一。所谓"自己人"，是指一方把另一方与其归于同一类型的人。"自己人效应"是指对"自己人"所说的话更信赖、更容易接受。

　　冯玉祥将军在他的"丘八诗"中号召士兵"重层压迫全推倒，要使平等现五洲"。他体贴士兵，关心他们的生活，曾亲自为伤兵尝汤药，擦身搓背，甚至和士兵一样吃粗茶淡饭。所以，士兵们都感到冯将军没有架子，与自己处于平等地位，因而都尊重和听他的话，有什么想不通的事都愿意找他说。

　　说服别人按照自己的建议去做，只是向人们提出好建议是远远不够的，可以强化和发挥"自己人效应"，让人们喜欢自己，避免好的建议遭到拒绝。"自己人效应"运用的关键，其实就是获得他人的好感，建立友谊。而影响人们喜欢一个人的因素有很多种，因此，这些都可以作为我们的策略。

　　首先就是外表的吸引力。相信读书时很多人都会遇到这样的情况：老师对那些漂亮的孩子们比较偏爱，认为漂亮的孩子学习好；而长大后，大多数人依然有着这样的看法：漂亮就等于人品好。其实，这就是"自己人效应"的表现。因为一个人的某一个正面特征会主导对这个人的整体看法。虽然每个人都知道评价一个人应该全面和客观，但那只是理想，很多人在7秒钟内就被人拒绝了。而有些人，却有了一见钟情。这里所说的外表，不仅仅是外表，包括言谈举止。而这些，跟自身的相貌、衣着等一起，形成了给他人的第一印象。每个人决定不了自己的相貌，但是你一定要注意自己的仪表、谈吐和举止，这也决定了自己在对方心目中是否能受到欢迎。

　　其次，应强调双方一致的地方，使对方认为你是"自己人"，从而使你提出的建议易于被接受。所谓"双方一致的地方"，就是相似性。物以类聚，有着相同兴趣、爱好、观点、个性、背景甚至穿着的人们，更容易有亲近感。你要想取得对方的信赖，先得和对方缩短心理距离，与之处于平等地位，这样就能提高你的人际影响力。

再次，要有良好的个性品质。良好的个性品质是增强人际影响力的重要因素。心理学研究证明：具备开朗、坦率、大度、正直、实在等良好个性品质的人，人际影响力就强；反之，有傲慢、以自我为中心、言行不一、欺下媚上、嫉贤妒能、斤斤计较等不良个性品质的人，是最不受欢迎的人，也就没有人际影响力可言。所以，每个人都要加强良好的个性品质修养，以增强自己的人际影响力。

最后则是称赞。从心理学来说，每个人的内心都是渴望被赞赏的。而发自内心的称赞更会激发人们的热情和自信。古往今来，很多看似无德无能之人却能得到重用，这便是最重要的法宝之一。心理学感言喜好，这是个简单而有用的原理。人们总是比较愿意答应自己认识和喜好的人提出的要求，因此有时也称之为"自己人效应"。其应用的关键就在于如何获得他人的好感及建立友谊。为此，年轻朋友可以通过提高外表的吸引力、寻找并增强与对方的相似性、与对方接触等来实现。

第七节　保持本色，做自己
心中的自由人

人生本来就是丰富多彩的，每个人的人生正是因为独特而变得与众不同，璀璨夺目。真正能够活出自己风采的人是最幸福的人，也是最成功的人。因为他们挖掘了自己的所有爱好和潜能，他们无愧于自己，活得真实，活得坦荡，活得自然。

一个农夫领着小儿子，牵着驴赶集回家。在路上，开始的时候，他让小儿子骑在驴背上，自己走着。不久路遇一个老人，只见他撇撇嘴，轻蔑地说："看啊！这家人真是不懂礼数，没大没小，竟然让老子给儿子牵驴。"

农夫想了想，便让儿子从驴背上跳了下来。爷俩手牵着手继续赶路。可他们没走出多远，迎面又来了一个年轻人，他看见这一老一小有驴不骑，便不解地说："真是两个怪异的家伙，有驴不骑，偏要费劲地走路。"

农夫听了，觉得有道理。于是他便把缰绳递给了小儿子，自己一跃跨到了驴背上去。可是又没走上多远，一个妇人咕哝着："那么大个人自己骑在驴上优哉游哉的，却让这么小的孩子来牵。真是没心没肺！"

这回老农只好把儿子也拽到了驴背上来。不久，又过来一个人，那人说："真不像话，毛驴每天为你辛苦劳累，你竟然还要骑着它，而且还一骑就是两个。"农夫一拍脑袋说："是啊，我真是太残忍了。"他们再次跳下驴背。可就是不知道怎么办好，骑也不对，不骑也不对，儿子骑不对，老子骑还不对，怎么办呢？最后他们只好把驴抬着回家去。

故事听上去似乎很荒唐，可是，在现实生活中，人们经常会遇到类似的境遇。如果一个人没有独立思考的能力，很容易像那个农夫那样，别人一开口就没有了主见。所以，培养独立思考问题、独立解决问题的能力是任何人立足于世间的必然条件。

问题的出现是一个起点，问题的解决则是终点，过程则是多样的，认识事物的角度、深度不同，解决问题的方法自然也不相同。正所谓有什么样的世界观，就有什么样的方法论。不妨引用苏轼的诗句，"横看成岭侧成峰，远近高低各不同"。生活是一个多棱镜，总是以它变幻莫测的每一面反照生活中的每一个人。不必介意别人的流言蜚语，不必担心自我思维的偏差，坚信自己的眼睛、坚信自己的判断、执着自我的感悟。用敏锐的视线去透视这个世界，用心去聆听、抚摸这个多彩的人生，给自己一个富有个性的回答。

走自己的路，让别人说去吧

听取和尊重别人的意见固然重要，但无论何时千万不要人云亦云，做别人意见的傀儡，否则不但会左右摇摆，不知所往，身心疲惫，而且失去许多可贵的成功机会，甚至还会失去自我。做自己认为对的事，成自己想成的人，无论成败与否，都会获得一种无与伦比的成就感和自我归属感。正如但丁的那句豪言：走自己的路，让别人说去吧！

为了征服英国和奥地利，拿破仑必须翻过险峻的阿尔卑斯山。在行动之前，他派出一队工程师，希望他们探寻到能够穿过阿尔卑斯山胜伯纳山口的路，然而这些工程师所带回的答案并不令人满意。当雄心勃勃的拿破仑指着地图上一条小路问"如果通过这条路直接穿过去有没有可能"时，他们只有吞吞吐吐地回答："可能行的……还是存在一定的可能性的。""那就前进吧。"身材不高的拿破仑坚定地说，丝毫没有为工程师们的弦外之音所动摇。谁都知道穿过那条道路的难度有多大，在此之前还没有人能够征服这座天然的屏障。

当英国人和奥地利人听到拿破仑想要跨过阿尔卑斯山的消息时，都轻蔑地报以无声地冷笑："那可是一个从未有过任何车轮碾过的地方。更何况他还率领着7万军队，拉着笨重的大炮，带着成吨的炮弹和装备，还有大量的战备物资和弹药呢！"

然而就当被困的马赛纳将军在热那亚陷入疾困交加的境地时，拿破仑的军队犹如天兵一样出现了。认为胜利在望的奥地利人不禁目瞪口呆，军心也开始大乱。他们几乎不敢相信，眼前这个不到 1.60 米的小个子真的会有如此的勇气与胆量，竟然征服了他们心目中一直是高不可攀的伟大山峰。

不要过分在意别人观点的一个重要原因，是别人有众多，而自己只有一个，如果处处照顾别人的看法，必将无所适从。所以年轻朋友必须洒脱一些，勇敢地走自己的路。何况，在社会生活中，有卓见者总是少数，孤独寂寞、不被理解是很自然的事情。尤其在时移势易，应当有所革新的时候，如果过分看重众人的意见，那就什么事情也做不成了。

只要一个人做好应该做的事情，就值得称赞。在每做完一件事情的时候，都能够使自己无愧于人，都知道自己能够做些什么。那就可以义无反顾地去实现自己的目标，而用不着在乎别人的看法和眼光。

勇敢的心不会惧怕孤独，心灵的充实更胜过虚假的繁荣。每个人都可以用自己喜欢的生活方式，做自己喜欢做的事，宠爱自己，因为生命匆匆，不必委曲求全，不要给自己留下遗憾，做一个独特的自己才是最重要的。你不必将缺点或弱点暴露在你所处的社会中，但是谨慎之余，也许你会过分在乎别人的存在。如果你始终怀疑别人是否会在背后批评你，因此不敢相信朋友和社会大众，这也是一件令人遗憾的事。

不必过分在乎别人对自己的看法，这种多心只能使自己步入不幸之途。只要记住，你只是你就足够了。

不管事情怎么样，总要保持本色

每个人在这个世界上都是独具一格的人，要为这一点庆幸，正因为自己是独特的、与众不同的，所以就可能获得与众不同的成就。每个人应该尽量利用大自然所赋予的一切，不论好坏，都得在生命的交响乐中演奏自己的乐器。想象一下，放弃了模仿，准备做自己，于是奇迹产生了：自己成了最美好的，因为这时的自己已经全面地展现了自己的本质，

发挥出了天性和生活赋予的一切，而做到了这一点，只因为保持了本色。

　　卡耐基收到伊笛丝·阿雷德太太寄来的信。信中写道："我从小就特别的敏感而腼腆，我的身体一直太胖，而我的一张脸使我看起来比实际上还胖得多。我有一个很古板的母亲，她认为把衣服弄得漂亮是一件很愚蠢的事情。她总是对我说：'宽衣好穿，窄衣易破。'而她总照这句话来帮我做衣服。所以我从来不和其他孩子一起做室外活动，甚至不上体育课。我非常害羞，觉得我跟其他的人都'不一样'，完全不讨人喜欢。""长大之后，我嫁给一个比我年长的男人，可是我并没有改变。我丈夫一家人都很好，充满了自信，我尽最大的努力要像他们一样，可是我办不到。他们为了使我开朗而做的每一件事情，都只是令我更加退缩。我变得越发紧张不安，躲开了所有的朋友，情形坏到我甚至怕听到门铃响。我知道我是一个失败者，又怕我的丈夫会发现这一点。所以每次他们出现在公共场合的时候，我都假装很开心，结果常常做得太过。知道自己做得太过后，我会难过好几天。最后我觉得再活下去简直没有什么道理了，于是开始想自杀。"

　　是什么改变这个不快乐的女人的生活？只是一句随口说出的话。

　　"随口说的一句话，"阿雷德太太继续写道，"改变了我的整个生活。有一天，我的婆婆正在谈她怎么教养她的几个孩子。她说：'不管事情怎么样，我总会要求他们保持本色。'……'保持本色'，就是这句话！在那一刹那之间，我才发现我之所以那么苦恼，就是因为我一直在试着让自己适合于一个并不适合我的模式。"

　　"在一夜之间我整个改变了。我开始保持本色。我试着研究我自己的个性，试着找出我究竟是怎样的人。我研究我的优点，尽我所能去学色彩和服饰上的问题，尽量按能够适合我的方式去穿衣服。我主动地去交朋友，还参加了一个社团组织。他们让我参加活动，使我吓坏了。可是我每一次发言，就增加了一点儿勇气。这事花了很长一段时间，可是今天我所有的快乐，却是我从来没有想到可能得到的。在教养我自己的孩子时，我也总是把我从痛苦的经验中所学到的结果教给他们：'不管事情怎么样，总要保持本色。'"

卡耐基曾经以自己的经历谈到，当他由密苏里州的乡下到纽约去的时候，他进了美国戏剧学院，希望能做一个演员。他当时有一个自以为非常聪明的想法——一条到成功之路的捷径；这个想法非常之简单，非常之完美，所以他不懂为什么成千上万富有野心的人居然没有发现这一点。这个想法是这样的：他要去学当年那些有名的演员怎样演戏，学会他们的优点，然后把每一个人的长处学下来，使自己成为一个集所有优点于一身的名演员。多么愚蠢！多么荒谬！他居然浪费了很多的时间去模仿别人，最后终于明白，一定得保持本色，因为他不可能变成任何人。这次痛苦的经验应该能教给他长久难忘的一课才对，可是事实不然。他想写一本书，并希望那是所有关于公开演说的书当中最好的一本。在写那本书的时候，他又有了和以前演戏时一样的笨想法，打算把很多其他作者的观念都"借"过来放在那本书里—使那一本书能够包罗万象。于是他去买了十几本有关公开演讲的书，花了一年的时间把它们的概念写进书里，可是最后他再一次发现自己又做了一件傻事：这种把别人的观念整个凑在一起而写成的东西非常做作，非常沉闷，没有一个人能够看得下去。所以他把一年的心血都丢进了废纸篓里，整个重新开始。

这一回卡耐基对自己说："你一定得保持你自己的本色，不论你的错误有多少，能力多么的有限，你也不可能变成别人。"于是他不再试着做其他所有人的综合体，而卷起袖子来，做了他最先就该帮的那件事：他写了一本关于公开演讲的教科书，完全以自己的经验、观察，以一个演说家和一个演说教师的身份来写。"我没有办法写一本足以媲美莎士比亚的书，"他说，"可是我可以写一本由我写成的书。"

一个人总有一天会明白，嫉妒是无用的，而模仿他人无异于自杀。不论好坏，人只有自己才能帮助自己，只有耕种自己的田地，才能收获自家的玉米。上天赋予自己的才能是独一无二的，只有当自己努力尝试和运用时，才知道这份能力到底是什么。

第八节　没事多沟通，多沟通没事

沟通是人与人之间的情感与思想反馈的过程，沟通是为了达到思想和情感的畅通一致。也就是说，没有沟通也就没有所谓的一致。在现代这个网络科技发达的社会，很多人选择上网去发泄，然而，真正的生活中却把自己封闭起来，人情之间的冷漠也就此产生。沟通能够很好地表达自己的意愿，少了沟通就多了不理解，就多了障碍，很多时候，人与人之间的矛盾就是因为没有及时沟通而产生了误解，最后导致一些不愉快的事情发生。

沟通的力量

有这样一组数字：一个人通常只能说出心中的80%，但对方听到的最多只能是60%，听懂的却只有40%，结果执行时，只有20%。所以，当向别人表达意愿，而别人的执行结果离自己预想的很远时，请不要生气，也不要责怪。要多沟通，多交流，多次的表达终能如愿。没事的时候要多多沟通，只有多沟通了才不会有不愉快的事情发生。其实大多数人都是喜欢说而不喜欢听，这样就导致沟通少了，误解多了，沟通的不彻底，就会产生猜忌。

有一次，思科的总裁约翰·钱伯斯出席一个记者发布会，会上有个记者问他："作为总裁，您对公司的业务应该非常了解，您能跟我们谈谈贵公司的主要业务吗？"

钱伯斯摇摇头说："对不起，这要问我的业务经理，公司业务方面的知识，我几乎一窍不通。"

记者不死心，又问："您一定是一位销售方面的专家，我很想听您谈一谈贵公司在销售方面有哪些秘诀？"

钱伯斯依然摇头，说："这要问我的销售经理，我对销售一窍不通。"

随后记者又问道管理，钱伯斯则抬出了他们的副总。记者急了："那么您每天到底在干些什么？"

钱伯斯笑了："我的业务经理单身，我得每天替他到幼儿园接孩子；我的销售经理得了胃病，有时候我要给他买药；我的副总常常加班到深夜，我要给他做夜宵。我做得最多的就是为某位员工准备生日蛋糕。"

现场一片唏嘘，但是钱伯斯接着说："我和我的下属交流、沟通，了解他们，然后为他们做他们需要的，我就是一个勤杂工，而且是这个世界上最出色的勤杂工！"然后他的回答被激烈的掌声打断。

有效的沟通是取得成功的重要条件，无疑思科公司首席执行官约翰·钱伯斯就是一个很成功的领导，他的经常沟通使他十分了解下属，并能够有效地帮助下属员工解决一些生活中的问题，以此来激励员工的工作，发展和创造良好的工作环境。沟通可以解决一些人们平时想不到的事情。也许自己不能明白的很多问题就在一次沟通中豁然开朗了。沟通需要对方坦诚相对，这样人与人之间才没有隔阂产生，彼此之间的氛围才会自然愉快，工作效率自然也会提高。

沟通提升工作效率

沟通使人们轻而易举地打破隔膜的墙，为人们寻找到一扇通往海阔天空的门。不管是对个人、对企业，还是对国家，沟通都是如此重要，任何人都不能忽视这个力量。这世上没有无坚不摧的墙，只是要看自己是否能找到沟通的门。

多沟通就要体谅他人的行为，了解对方的想法，要善于询问和倾听。要将自己的想法有效地直接告诉对方，避免对方的猜忌和疑虑，有的时候还需要适当地提醒对方，让彼此都能多一份了解。沟通是为了解决两个人之间的不一致。在社会上，有的时候难免会对别人产生一些误解；有的时候，会看到一些自己非常不能理解的事情，这就需要人们进行及时而有效的沟通。有效的沟通就是运用积极而善于倾听的方式，来诱导对方发表意见，进而对自己产生好感。

20 世纪 80 年代，有一对两地分居的夫妇，丈夫留学美国，妻子在国内上班。当时的电话资费非常贵，每分钟要二三十元钱，这对夫妇沟通的成本很高。

后来他们想了一个既省钱又能保证每天都能沟通的办法。他们约定：当电话响一声就挂断的话，含义是：我很好，不要挂念；当电话铃响两声挂断的话，含义是：你的回信我收到了，请放心；当电话铃响三声挂断，含义是：我的信件寄出，请注意查收；铃响三声以后还不挂断，代表我确实有话要说，请接电话。

这对夫妇巧妙利用打电话的约定，将沟通模式化，标准化，于是大大节省了例行沟通的成本，只有例外情况才付费用。当然，随着科技的发展，解决这个问题的途径很多，成本也很低，但这对夫妇想方设法降低沟通成本的想法值得借鉴。

　　有的时候，人会因为工作的繁忙健忘，那就应该及时地沟通提示。在日常生活中，人们彼此之间的沟通很紧密，彼此都知道对方的心中所想，就是因为有效的沟通会增进彼此的了解，减少双方的隔阂。另外，在社会上，多和领导沟通，良好沟通能获得更多的合作；多和朋友沟通，能减少误解，增进朋友间的友谊。

　　生活中的年轻朋友如果不懂得沟通，很多事情就会变得极为复杂，不能沟通的两个人之间就像筑起了一面高高的厚墙，彼此之间的陌生感就会加重，你看不清对方，对方也不能明白你。所以对初入社会的年轻人来说，一定要记得沟通，无论是学习中的伙伴还是家人，没事多沟通，多沟通没事。